日本酒吞んで旅ゆけば

DRINK SAKE AND GO ON A TRIP

KIYOKO YAMAUCHI

山内聖子

イースト・プレス

日本酒呑んで旅ゆけば

はじめに

本書は、私がおいしいと感じた日本酒の産地を旅する放浪記、いや「呑浪記」だ。時間の流れに身を委ねたマイペースな酒の旅である。日本酒の酒蔵は全国に散らばっているが、一県一銘柄などというような全国制覇は目指さない。東西南北エリアのバランスもあまり考えていない。あくまでも時々の酒縁や、「おいしい」と自分の体が反応するかどうかの本能的な感覚に従って行き先を決めた。

私はおいしい日本酒を飲むと体が素直に喜ぶ。飲めばするする喉を通りただちに胃へ着地。あとは全身が気持ちよくなるだけだ。しみじみと静かに気持ちよくなるときもあれば、テンションが上がって体が解放されるような気持ちよさを感じることもある。

それはどういう酒なのかを説明するのは難しい。かなり感覚の話になってしまうので、具体的な根拠を知りたい人には役不足で申し訳ないが、今まで日本酒を飲んできてわかったのは、体が喜ぶおいしい酒に決まった答えはないのだ。

酒米の品種や製造法などにはじまり有名無名も値段も関係ない。冷酒燗酒どちらでもいい。冷燗それぞれにおいしさがあり、体に与える気持ちよさが違うからだ。冷酒でひやっとしたほうが冷たい湧き水を飲んだときのような清々しさを感じるし、温かい酒は体がぬくもる気持ちよさがある。おいしいかどうかはとにかく飲んで体に聞いてみるしかないだろう。

ともあれ、私はそのような体においしい日本酒を飲むと酒の産地を目指して旅に出たくなる。地元で浴びるように酒を飲んでみたいとも思う。そして、この酒はどんな土地でどのような蔵元がいかにしてつくり、蔵元はどんな酒場で自分の酒を飲んでいるのか無性に知りたくなる。一度だけではなくなんども現地に足を運びおいしい酒に迫ってみたくなる。理由を聞かれてもおいしいからと言うしかない。コロナ禍で自由に旅ができなかった経験がより一層そう思わせるきっかけになった。

今は流通がよくどこにいても全国の日本酒を飲むことができる。希少銘柄でなければ買えない酒もほとんどないし、わざわざ地元を訪ねる必要はないかもしれない。

先日こんなことがあった。自分がたまに女将として携わっている日本酒バーに、北海道の最南端にある酒屋から日本酒が到着。箱を開けてみると入っていたのは北海道の酒だけではない。東京でも飲める福井や熊本の人気銘柄である。私はあっけにとられつい笑ってしまったのだが、要するにこういうことだ。

福井と熊本の日本酒は、最初に地元から東京を飛び越えて遠い北海道に運ばれ、再び北海道から東京に来たことになる。旅芸者も顔負けの移動距離。日本酒に自分を重ねて想像すると目が回りそうになってしまった。

現代の日本酒の多くは移動につぐ移動でこのような旅芸者ぶりは当たり前。逆に九州で北国の酒が買えることも珍しくない。この流れはコロナ禍をきっかけにさらに加速した。自粛期間の宅飲み需要で思うように数字が伸ばせなかった日本酒業界は、販路を拡大する酒蔵が増加。酒販店も同時に取り扱いの銘柄を増やせるチャンスを生かし品数を増やしていった。飲み手が頑張って動かなくても酒は各地を飛び回ってくれるのだ。なおさら、時間とお金をかけて酒の地元に行く必然性はますますない。便利でありがたい世のなかである。

でもなぜだろう。今もおいしい酒は「地元においで」と私を手招きする。流通が自分の都合によくなればなるほど、酒がつくられるかの地に心が向かっていく。

蔵元の存在も強力である。彼らが営業などで上京した際に時間をつくってもらえば会えなくはないのだが、酒を飲んでいると蔵元の生まれ故郷、ないしは生活の根を下ろす地元に呼ばれている錯覚に陥ることがある。会いに行かなければ、と心が勝手に引き寄せられてしまう。

酒瓶のなかに詰まった酒が地元の息吹を匂わせ、蔵元の「気」のようなものを感じさせる力があるからだろうか。その力には抗うことができない。

また私はいつものように旅支度をはじめた。

※本文の写真は、すべて著者が撮影したものです
※本文中の情報は、すべて2024年6月時点のものです

1

朴訥な岩手っ子が堅実につくりあげた人気銘柄

AKABU 赤武酒造 ◎岩手県盛岡市

今やすっかり盛岡の地酒になった「AKABU」である。この酒はもともと三陸沿岸部に位置している岩手県大槌町に酒蔵があったが、2011年の東日本大震災で蔵が流失全壊。蔵元の古舘秀峰さんが再起をかけて、2013年に盛岡市北飯岡に蔵を移転し事業を復活させた。そして、当時20代だった6代目の杜氏・古舘龍之介さんが立ち上げた新機軸の酒AKABUが蔵の看板銘柄に。「自分と同世代（20代）の若い人たちが飲んでくれる日本酒」をモットーに、彼だけではなく蔵人も20代のチームで酒づくりに励んだ。完成したのは、旨みよりも甘みの質が際立つ酒である。軽やかな甘みに可憐な香りをまとった初々

しい味だ。杜氏の狙い通り、日本酒の入り口として最適な酒だろう。【写真1－1】

10年後。AKABUは全国の日本酒愛好家が推す人気銘柄に成長した。いやそれよりも我が故郷の反響である。岩手出身の野球選手・大谷翔平のように、とはさすがに言い過ぎだが、地元が誇れる銘柄になったのは盛岡人ならば認めるだろう。私の身近なところだと、今まで日本酒の話などしたことがなかった一回り年下の従兄弟（従姉妹）たちが「AKABUっておいしいよね」と口々に言うようになった。6代目と一緒に酒を飲んだ話をすると、羨望の眼差しを向けられたものだ。AKABUは前々から応援していたのでうれしくなる。最近では、海外在住の日本酒が苦手だった自分の妹もそれを認めるというから感慨深い。

と言っても、私は最初からAKABU推しだったわけではない。むしろはじめは斜めに見ていたくらいだ。当時の話に触れると苦い顔をする6代目の顔が浮かぶが語り草として書くことにする。理由は「天才」という言葉である。現在の赤武酒造のホームページにはそんなことが一切出ていないが、AKABUリリース当時は酒を大々的に売り出したかっ

1-1

日本酒の入り口として最適な酒

たのだろう。彼のことを「若き天才杜氏」として自社サイトにでかでかと紹介し、酒のプレスリリースなどにはことあるごとに同じような売り文句が書かれていたのだ。行きつけの酒屋店主数人に「AKABUの杜氏って知ってる？　天才らしいけど」などと聞かれて「はあ…」としか言えなかったこともある。

確かに、東京農業大学出身の彼は在学中から優れた舌の持ち主だと噂されていた。「全国きき酒選手権大会」の大学対抗の部でチャンピオンになったのだ。これも行きつけの酒屋店主に「あなたの地元岩手に期待の若手がいるらしいよ」と聞いた情報である。私は正直ふーんだった。唎き酒能力があると言われてもだからなんだというのだ。いちばん着目すべきところは酒ではないのか。

それから縁あってAKABUの初リリースを飲んだが、1年目にしてはなかなかの完成度。味はややゴツめだがパッションを感じるような太い甘みが印象に残った。全体的な味のまとまりはよく後味も雑ではない。2年目になると酒の雰囲気が一変。香りは華やかになったが派手すぎず、ゴツさから脱皮するように甘みが軽やかになり余韻もきれいになっている。酒づくりの経験が浅い20代前半なのに一年でここまで酒質を修正できるとは、唎き酒能力だけではなく、酒づくりに必要な優れた五感を持っているからに違いないと想像した。確かにすごいつくり手である。

でも天才なのか？　そもそも酒づくりの天才っていったい。名杜氏と呼ばれる人たちの顔を浮かべると理由は納得だが、彼らは自分のことを天才とは言わないだろう。自覚すらない人もいそうだ。それなのに、20代にして天才杜氏を売り文句にする蔵元や杜氏はどういう境地なのか。最初から酒の期待値をものすごく上げるのは、徹底的に売るという強い覚悟がある証拠だがいい結果に結びつくとはあまり思えなかった。

ずいぶんひどい書きようだが、要するに初期のＡＫＡＢＵに対するイメージはけっこうよくないのだ。酒は発売2年目以降もどこかで見つけると飲んでいたし、だんだんおいしくなっていたので気にはしていたが、「天才」の言葉がどうしても頭をちらつき気持ちを萎えさせていた。

だがマイナスイメージが１８０度変わる転機はわりとすぐにやってきた。ＡＫＡＢＵができて4年目の頃だろうか。全国の蔵元や酒販店が集う日本酒業界の勉強会で、たまたま6代目に会う機会が巡ってきた。

いよいよ初対面のとき。私は身構えて挨拶をし、酒蔵の地元と自分の出身地が一緒だとか、他愛のない話で彼の様子をうかがっているうちに、あれ、と首をひねる。自ら天才を名乗るなんてさぞ傲慢でチャラい若者だと思っていたのに人柄は真逆なのだ。いかにも朴訥とした岩手っ子というような控えめな物腰で、はにかむ笑顔は飾り気のない田舎のにいちゃんだ。つくりたい酒の味も冒頭に書いたように明確でブレない信念がある。今まで彼に抱いていたイメージはあっけなく壊れて私は拍子抜けした。と同時になぜあんな売り文句を考えたのか。猛烈に気になって聞けば、「えっとあれは親父（蔵元）が考えたので……」と苦笑いをして黙ったあと、「盛岡の蔵にぜひ来てくださいよ」と言う。

ならば行こうということで蔵に着いて5代目の「親父」に会ってみると、これまた輪をかけて想像とは真逆の人柄。いつもニコニコと目を細めて笑っている穏やかな人だったのだ。震災で大変な苦労があったはずなのにそれをにじませもせず、息子である6代目を立てて酒をよくした功績をひたすらたたえていた。

さらにおどろいた私が6代目に聞いた同じ質問をすると、「いやほんとに親バカですみません」と言ったあと真剣な目で、「酒を売るために必死でした。なんとか蔵は再建しましたが、酒が売れないことには経営が厳しいですよね。競争が激しい日本酒のなかで、どうやってお客さんを振り向かせるのかを考えるので頭がいっぱいだったんです」。

その言葉を聞いてすぐには返事ができない。私こそ蔵の事情を思いやることをせずなんて傲慢だったのだろうと、少し沈黙してからＡＫＡＢＵを斜めに見ていたことを詫びた。ただこれ以上、天才と謳うのは誤解を生むのでやめたほうがいいと率直に伝える。いい酒をつくっても、やはりその言葉がおいしさの邪魔をすると感じたのだ。気がつけばホームページからは天才杜氏の売り文句が消えていた。【写真1－2】

もったりと重そうな雲が広がる日だった。前日から帰省して実家に泊まり、昼過ぎに家を出て赤武酒造を目指す。蔵に足を運ぶのは数年ぶりだが、実は予定が決まったのはついこの間のこと。急に盛岡の仕事が入りダメ元で6代目に連絡したところ運よく予定が合い、転がるように地元にやってきた。

ふしぎなことにそれはＡＫＡＢＵを飲んだタイミングとも重なる。帰省する数日前に3軒目で足を運んだ店でこの酒を飲み、やはりおいしいと目が覚めたばかりだったのだ。かなり酔っ払った状態だったのに意識がはっきりするほどのおいしさだった。翌日もおいしい記憶は残り、しばらく会っていない蔵元親子を思い出していたらこんな展開が叶ったのである。帰省する新幹線の車内で、なんとなく本書にからめた話も伺おうというちゃっかりした腹づもりも浮かんだ。かなり図々しいがこのチャンスは逃したくない。もし断られたらそのときはまたの機会にすれ

1-2

「いやほんとに親バカですみません」

ばいいと開き直った。

さて、私は盛岡駅から飯岡線（矢巾営業所行）のバスに乗り環境保健研究センター前で降車。田んぼに囲まれただだっ広い道路をまっすぐ歩いて行くと蔵が見えてきた。【写真1－3】

息を整えて蔵の扉を開ける。近くにいたスタッフへ声をかけると2階の応接室に通された。しばし待っていると6代目が顔を出す。ひさびさの再会だ。雑談しながら、勢いでちゃっかりした腹づもりを打ち明ける。「へ!?　本なんてまじっすか。聞いてない……」と笑いつつ「わかりました。いいですよ」と言う。急にごめんねと詫びていると、そのタイミングで5代目の親父が顔を出した。彼が事情を手短に説明すると、「それはそれはご活躍でなによりです。うちの息子を引き続きどうぞよろしくお願いします。あとはどうぞごゆっくり！」と茶目っ気たっぷりに笑って部屋を出て行った。

いきなり取材か、というように構える彼にいつも通りのおしゃべりでいいと伝え、唐突なインタビューがはじまった。

1-3

広い道路をまっすぐ歩いて行くと蔵が見えた

ＡＫＡＢＵといえば軽やかな甘みが味の中心にある。彼も同意するように言う。

「飲んでストレスがないおいしい甘口を目指しています。なんというかアルコール感をマスキングする甘さですかね。果物系かな」

辛口好きには抵抗がありそうだが迷いはない。

「甘口というと辛口の反動なのかいまだに毛嫌いする人もいますが、おそらくそういう人は昔の甘口をイメージしているのでは。昔の甘口といえば焦げたカラメル系の甘さでしたよね。醤油や味噌っぽい風味です。甘口嫌いの人はそれが苦手なだけの気がします。うちの蔵もそうですが、今の甘口ってモモやリンゴ系の甘さです。そもそも果物系の甘さすら苦手な人もいますが、昔の甘口が嫌いな人でもおいしく飲める酒がＡＫＡＢＵだと思うんです」

その甘さをつくるキーマンは麹、と思いきや彼は頭をかしげる。

「麹も大事ですが、もろみ（搾る前の酒）管理のほうが重要だと考えます。あとからの作業がややこしくなるのでよくはないですが、麹がちょっと失敗しても、もろみ管理でカバーすることは可能です。でもその逆はできないんです」

もろみ管理とはどのような作業なのだろうか。

「例えばもろみの温度をどれくらいにするのか。うちの酒は低温の10度前後でゆっくり発酵させて甘さを出す糖化も促進させますが、辛口にしようと思ったらもろみの温度を上げて糖化より発酵を優先させればいいわけです。あるいは追い水のタイミングも大事。そういえば今どきの甘い酒は追い水が流行っているかも」

追い水とは読んで字のごとくタンクに入れる原料の仕込み水とは別に、追ってもろみに水を加える作業だが追い水が流行っているとは？

「昔は追い水ってあまりやらなかった。甘いもろみをつくらないので追い水の必要がなかったんです。でも今の甘口酒はもろみの糖分が多いので、酵母が窮屈になって発酵が鈍くなりやすいんです。濃糖圧迫と言うんですが。甘口の酒はそれがなりやすい。例えば極端な話ですよ。甘さがすっごい濃いジャムは、カビが生えないつまり微生物が生きられない状態ですが、そこに少し水を入れただけでカビるのと構造は少し似ています。だから水を入れて酵母を動きやすくするんですよ。ただ元気にさせすぎても発酵が先行するので、低温はキープして酵母を無理に元気にさせないようにします」【写真1－4】

そして、もろみの発酵を終え搾るタイミングが「いちばん難しい」と言う。

「うちはだいたい搾る日をあらかじめ決めていて、そこに合わせて他の作業スケジュールを組むようにしていますが、その調整は経験がないとすごく難しいですよ。一年に（もろみタンクの）数本くらいもうちょっと搾るのを延ばしたいとかありますが、そのときは少しドキッとしますね」

最終的には自分の感覚を頼りにするしかない。

「最後は唎き酒で搾るタイミングを決めますが、感覚と決断力で味が決まると言ってもいい。ここだってところで潔く搾らないと。ぐだぐだ悩んではダメです」

これら2つの工程だけは今も自ら担当するそうだ。

「もろみ管理と搾るタイミング以外は任せていますね。段取りよく作業ができるようある程度はマニュアル化していますから」と言う。

それから蔵を見せてもらうと、蔵人たちが洗米の作業を行っているところに遭遇した。［写真1－5］

「洗米もそうですが酒づくりは慣れれば誰でもできる作業が多いです。だから僕がいちいち神経を尖らせる必要はないと思う」

酒づくりの重要工程にあげる人が多い麹も？

1-4

「水を入れて酵母を動きやすくするんですよ」

1-5

蔵人たちが洗米の作業を行なっていた

「できますよ。僕が考える麹づくりは人の手がそんなに必要じゃない。蒸米に麹菌を振ったらほとんど触らないので、麹室になんども入る必要がないんです。人の出入りが多いと余計な雑菌を持ち込むことにもなるんですよ。もちろんここを立ち上げた当初は、麹は一人でつくっていたので泊り込みをしたこともありました。でも、すごくしんどいので工夫しながらやっていたら、そこまで手をかけなくてもいい方法がわかったので、寝ないで作業とかもうありえないです」

酒の個性はそれぞれなので一概には言えないが、ＡＫＡＢＵのような酒質の日本酒づくりは工夫次第でいくらでも効率化できると彼は教えてくれる。

「日本酒は手がかかる酒ですが、昔に比べて簡単にできることってまだいっぱいあると思うんです。麹もそうですが、自分で洗米から全部の工程をやってみた経験はそれを気づかせてくれました」

現在は作業の効率化により、計12名の蔵人が交代で週２日休めるよう勤務体制を整えられるまでになった。

「言葉は悪いですが、自分でいろいろやってみると杜氏の時間潰しじゃないかと思える作業もあって。ほら昔の季節雇用の人だったら残業代もらえるかもしれないじゃないですか」と彼はいたずらっ子のように「ふふ」と笑った。それから日本酒づくりの古い体質を突き放すかのように言う。

「手間をかけておいしくなることはなんでも取り入れますが、そうじゃないことはやらないと決めています」

蔵見学が終わっていったん解散したあと、我々は再び盛岡駅で待ち合わせをし、蔵元行きつけの「かもし処 陽―SUN―」に向かった。ここは私も帰省するたびに立ち寄る店で、日本酒と岩手の素材を使った季節料理が味わえる。店を切り盛りするのは日本酒愛が深い夫婦だが、特に岩手の日本酒事情に詳しい。多くの蔵元が贔屓にしている一軒だ。［写真1－6］

暖簾をくぐると、「おかえりなさい！」と女将が言う。ああ、ホッとする。ちょっとコワモテだが優しい大将も笑顔で迎えてくれた。

実は今夜の酒盛りは二人だけではない。うれしいことに蔵元が親しい「堀の井」の高橋誠杜氏も同席している。

1-6

蔵元行きつけの「かもし処 陽」へ

堀の井といえば拙著『夜ふけの酒評』で書いた一本。かつて私の曽祖父が初代と親交があった可能性がある酒蔵だ。高橋杜氏は立ち振る舞いは控えめだが、話してみると気さくでどこかひょうきんな人だ。意外だったのは、アルコールの吸い込みが激しそうなガッチリした体なのに酒を受けつけない体質らしい。それは残念で申し訳ない。我々はビールを頼んだが、「唎き酒はできますし酒の席は好きなんです」と言いつつ彼はウーロン茶を手に乾杯。

お通しの小皿が運ばれてきた。「葉ワサビ漬けとローストビーフです」と女将が言う。陽はいつもお通しからしていい。すぐに日本酒が飲みたくなる。もうビールはチェイサーにしよう。［写真1-7］

まずは、AKABUの「AIR」からいただく。軽くておいしい。ちょっとピチッとしている。野外で飲んでもよさそうな明るい味だ。アルコール度数は12％と低めなのでクイクイ飲んでいたら刺身の盛り合わせが登場。宮古のトラウトサーモンやタラ昆布締め、カツオにメジマグロなど三陸の海の幸だ。三陸ものはやはりうまい。大いに酒が進む。［写真1-8/1-9］

1-7

葉ワサビ漬けとローストビーフ

1-8

「AIR」からいただく、刺身と合う！

1-9

今度は私の大好物ホヤがきた。うますぎてのけぞる。なんて酒に合うのだろう。ここで高橋杜氏が持参してきたという堀の井の大吟醸に浮気する。【写真1－10】

「これうまいっすよ。いやふつうにうまい」と評するＡＫＡＢＵ杜氏。私も同感だ。品のいい香りと甘みがいい。大吟醸のお手本のような酒質である。

こうなればＡＫＡＢＵも負けてられない。

次はブルーボトルの限定品「中務（なかつか）純米大吟醸」を開封。やわらかい甘みがふわりと口に広がる。後味の余韻もうつくしい仕上がりだ。ホヤや刺身にも合うが酒だけでも進んでしまうほど口当たりがいい。【写真1－11】

「若い女性に日本酒を飲んでほしくてこの酒を考えました。でも酒質を考えたときに、変に敷居を低くしてワインのようにしたり奇をてらった味にしたりしないと決めていて。日本酒から離れる味はつくりたくないですよね。うちの酒がターゲットにしている若い人たちに対しても言えますが、僕はあくまでも日本酒を好きになってほしいんです」

1-10
ここで、堀の井の大吟醸に浮気

1-11
限定品「中務純米大吟醸」を開封

岩手酒の未来を担う若手の愛ある日本酒発言に、中年（私）はただ酒を飲み喜ぶしかない。ありがたやとグラスを握りしめていたら、「今は山菜の時期なの。はい、天ぷらの盛り合わせ。山内さんはせっかく盛岡きたからシドケ（山菜）を食べてね」と女将。東京じゃ食べられない山菜だ。さらにありがたい。いただきます、と箸を手に取ろうとしたら誰よりも素早く天ぷらにがっつこうとする高橋杜氏。その勢いがおかしくてすかさず隠し撮りをする。【写真1-12】

　こちらはシドケを口にした。ほろ苦く少しクセがありこの苦みがAKABUの甘みに合う。【写真1-13】ああうまい。

　ひとしきりおいしさを噛み締めていたら、たまたま「奥六」をつくる岩手銘醸の三浦杜氏がふらりと入店。【写真1-14】せっかくだから二度目の浮気をしようと奥六も飲んでいたら、6代目の妹である岬ちゃんもやってきてにわかに店内が盛り上がる。当然、酒のピッチが速くなり酔っ払う我々。だんだん収拾がつかなくなり次の店に行こうと会計をする。「30分後に私たちも合流するからよろしく！」と陽の夫婦は言った。私を取り巻く日本酒の縁は夜も転がるように続く。

1-12

素早く天ぷらにがっつこうとする高橋杜氏

1-13

シドケの苦みがAKABUの甘みに合う

蔵元と行った酒場

・かもし処 陽—SUN— 岩手県盛岡市内丸4―19

蔵元と筆者がよく行くおすすめの酒場。岩手の旬の魚や野菜を使った日本酒に合うおいしいつまみが目白押しだ。日本酒愛が溢れる大将や女将と会話しながら、ぜひ岩手の食材と酒を食べ飲み尽くしてほしい。

蔵元おすすめの立ち寄り処

・串焼酒場 萬—YOROZU— 岩手県盛岡市大通り1―7―13シグナスビル1F

深夜まで営業している大衆酒場。串焼きや煮込みなどがうまい店。盛岡名物の冷麺もあり。酒類が豊富でAKABUなどの日本酒も揃う。

1-14

岩手銘醸の三浦杜氏がふらりと入店

・Barわたなべ　岩手県盛岡市菜園1−3−6農林会館B1F

岩手産のケヤキカウンターが素敵な落ち着いたバー。日本酒を飲んだあとの締めにもいい。蔵元はアロニアという盛岡産の果物を使った「もりおかベリー」がお気に入り。

2

若きリーダーが挑戦する古くてあたらしい酒

七福神（しちふくじん）　菊の司酒造　◎岩手県岩手郡雫石町

今まで郷土愛というものから目を背けてきた。地元の岩手県盛岡市は私から見ても素敵な土地だし、帰省するとすぐ目に入る雄大な岩手山と川がそばにある街並みを眺めるたびに、ここに生まれてよかったと素直に言いたくなる。しかし、私は郷土愛が希薄かもしれないとあるとき気がついた。地元の全てを応援している人に会うと、自分の希薄さと比べてしまい後ろめたいような気持ちになる。地元びいきが全くないわけではないが、私には故郷を想う気持ちが欠如しているのだろうか。日本酒を書く仕事をはじめてからは余計にそう思うようになった。

拙著『蔵を継ぐ』を見てほしい。紹介した5蔵のなかには岩手の酒蔵がない。しかも福島が2蔵。1蔵くらい岩手に譲ってもいいはずなのに私はそれをしなかった。実際になぜ故郷の酒を書かないのかとなんども言われた。書いたほうがいいのかもしれないと良心がチクリと痛んだが、地元びいきよりも頑なに今好きな酒を優先したのだ。

そんな調子だったので地元の「七福神」にも特別な思い入れはなかった。帰省したときになんどか飲んだことはあったが、もったりした余韻が重めの酒というような印象しかない。私の父は新潟の〆張鶴しか飲まなかったし、東京で見かけることもなかったためますます七福神からは遠のいていた。

しかし2023年に七福神との距離が一気に近くなる。某出版社から「雫石の菊の司酒造を取材してほしい」と依頼があったのだ。

最初は蔵の場所を疑った。菊の司酒造は盛岡の街なかにあるはずだ。創業は1772年と古い酒蔵だから老朽化で雫石に移転したのだろうか。気になって調べてみれば、なんと2021年に経営者が変わっていた。M&Aで株式会社公楽に事業譲渡されていたのである。公楽と聞けば地元民はハッとするだろう。県内のCMではおなじみパチンコ&スロット「WINS」(元ニュー公楽)を経営する会社。パチスロ以外にも飲食店やカラオケ施設、不動産、蕎麦専用の製麺機の製造販売からドローンショップまで、あらゆる業態を展開する岩手の大手企業である。

雫石に移転したのはショックだった。個人的には愛着がない日本酒だったが、「菊の司」と外壁に書かれた酒蔵は盛岡の街を象徴する大事なシンボルである。蔵周りを散歩するたびに地元に帰ってきたなあとホッとし、酒蔵の存在をちょっとした心のよりどころにしていたのだ。この酒は盛岡の大人なら誰もが知っている銘柄である。私は飲みつけない酒だったが、さぞ愛飲家が多いだろうと想像していたので経営不振だったことにも驚いた。

それにしても、パチンコホールの起業からスタートした公楽が酒蔵を経営するなんてどういうつもりなのだろう。内情をよく知りもしないで買収を批判したくはないが、酒蔵をただ儲けるための道具にしていたり、対外的に会社をアピールしたりするためのアクセサリーにしていないのか、よくない想像を打ち消すことはできなかった。どうか酒蔵(日本酒)に愛がある企業でありますように。祈るような気持ちで取材当日を迎えたが、私の不安は杞憂に終わった。

公楽がいかに覚悟を決めて酒蔵買収に乗り出したのかを知ったのだ。話によると、岩手銀行と日本M&Aセンターから事業譲渡を打診されたのは2020年。代表取締役社長の山田栄作氏は当初なんども断っていたが、公楽が断れば菊の司酒造は廃業すると言われたのが決め手になる。日本酒はもちろんのこと、酒蔵経営のノウハウを一から学びながら新規事業として挑戦する決断をした。さらに、菊の司酒造の長い歴史を継ぐために、酒蔵の建物や酒の味だけではなく杜氏などの蔵人をはじめとする社員も変えないと決めたという。

しかしながら、建物だけはどうにもならなかった。買収後に蓋を開けてみると酒蔵は想像以上に老朽化が激しく、改築するにも図面がないため耐震検査も受けられない。半年かけてやっと図面を引ける会社を見つけるが、完成まで最低1年はかかると言われた。老朽化は一刻も早く改善すべき問題。悠長に待っている時間はない。機械もそうだ。状態が古くメンテナンスをしながらだましだまし使っていたが、いずれも買い替えなければ故障は免れない。なにより蔵の衛生面を危惧した。さびれた環境ではいい酒はつくることができないだろう。既存の蔵で酒づくりはしていたが断腸の思いで移転を決心したそうだ。

候補はいくつかあったが、最終的に山田社長の出身校である雫石高校の地元を選んだ。雫石は岩手山を目の前にした自然豊かな地域で、ワサビが育つほどきれいな水が豊富。いかにもおいしい日本酒が生まれそうな酒づくりに適した環境である。その後、急ピッチで新蔵を建設し、2022年11月に晴れてオープンまでこぎつけた。かかった費用は総額十数億円。まさに社運をかけた挑戦である。対外的なアピールをするだけだったらここまでの投資をしただろうか。【写真2-1】

そして、私の心を惹きつけたのは公楽の日本酒への本気度だけではなく、取締役・社長室室長である山田貴和子さんの存在だ。彼女は山田社長の長女だが29歳（2023年取材時）の若さで菊の司酒造の先頭に立つ。事務仕事だけではなく、ときに酒づくりにも加わるという。スラリとしたうつくしい人だ。テキパキとした身のこなしで会話のテンポも早く、取材陣への気配りも細やかな才女のお嬢様である。だが、そんな人となりの魅力以上に彼女の生真面目なガッツに感心した。おいしい酒をつくってお客さんを喜ばせたい。その誠実な気持ちだけではなく、菊の司酒造がつくる酒がどうやったら売れるのかを常に考えて悩み、愚直に挑戦しているのが会話をしているだけで伝わってきた。

肝心の酒もいい。特に定番の「七福神」超辛口がよかった。もう数ミリ垢ぬけてもいい気がしたが、やわらかい旨みと五味のバランスがよく、燗にしてもいい。質実な印象でクリアな味わいだ。菊の司酒造では酒造名にもなっている「菊の司」も定番銘柄だが、私はこちらに軍配を上げた。貴和子さんによると、この酒は雫石に移転後につくった新商品だが仕込み配合も旧来のレシピを生かしているという。蔵の設備を一新する

2-1

菊の司酒造にやってきた

だけでこれほど酒がよくなるのか。つくり手の力だけではなく酒は環境がつくるものだということを再発見した。

ＧＷに突入した４月の末日。再び菊の司酒造を目指し、東京駅から新幹線「はやて」に乗車した。降りるのは盛岡駅。帰省するような気分で座席に腰を落ち着けた。よく晴れた昼すぎである。ＧＷだけあり、乗客の多くは休日モードで車内はのんびりした雰囲気に包まれていた。乗客たちが簡易テーブルに細々と並べたであろう弁当や惣菜などの匂いが漂う。左斜め前の座席から聞こえてくる、ビールやチューハイなどをプシュッと開ける音も心地よく耳に響いた。旅気分に浸りながらしばらく乗車していると、右手前方に岩手山が見えてきた。この光景はいつ見てもいい。やはりどっしりした岩手山は地元が誇れる名山だと思う。

盛岡駅に到着し、南口から改札を出て駅前の一般車降車場へ向かう。すでに迎えに来てくれていた貴和子さんの運転する車に乗り込み、酒蔵へ向けて出発した。彼女に会うのは約１年ぶりである。互いの近況を報告しながらおしゃべりをしていると、「よかったら蔵の近くにおいしいジェラート屋さんがあるので行きませんか?」と言う。ぜひ、と即答。日本酒飲みになってから全く縁がないジェラートという言葉にそそられてしまう。

県道212号雫石東八幡平線を走り、菊の司酒造を通りすぎて少しすると人だかりが見えてきた。「手づくりアイスクリーム牧舎 松ぼっくり」である。駐車場はほとんどいっぱいで店の前には行列ができていた。[写真2-2/2-3]なに事かと驚いていると、「連休じゃなくても混んでいますね。車で遠くからわざわざ来る人が多い人気店なのですが、菊の司酒造の「心星(しんぼし)」という日本酒を使ったジェラートをつくっていただいているんです」と言う。[写真2-4]

並ぶこと約30分。数あるフレーバーのなかから「日本酒(心星)」と「わさび」を選んで食べた。ミルク味は濃いが後味はさっぱり。わずかに感じる日本酒味もワサビの青さもおいしい。これはいける。夢中でペロッと食べてしまった。人気なのもうなずける味。ふと店の入り口に目をやるとさっきよりも行列は長くなっていた。[写真2-5]

2-2
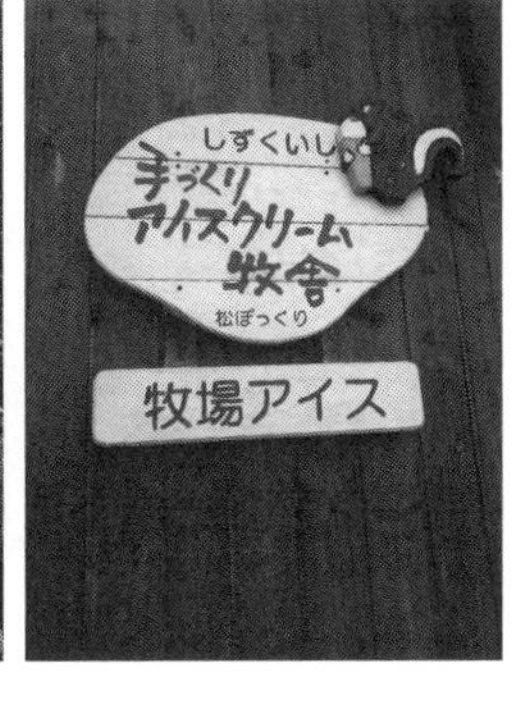

松ぼっくりのアイスは人気、いつも行列だ

2-3

酒蔵に着いた。さすがは新築したばかりのきれいな建物だ。入り口を入ってすぐ右手にある応接室に通される。私の真正面に彼女も座ったが改めて顔を見つめると、心なしか以前よりも表情がやわらかくなった気がした。

「ほんとですか？　確かに去年は心身ともにいっぱいいっぱいで怒涛の一年でした。今はようやく社内の体制も整ったので少しは余裕が出てきたのかもしれません」

聞くところによると、蔵の事業を任されたときからもっとも苦労したのが社内の新体制を築くことである。彼女は社長である父と同じく日本酒や蔵の仕事については勉強しながらも、上司として部下を指導しなくてはならない立場ゆえに葛藤した。約20名の従業員を動かすのは簡単ではない。蔵を継承していくために働く人たちは変えないが、親会社の公楽からすれば旧来の働く体制は改善すべきところが多々あったという。

2-4

心星という日本酒を使ったジェラートも

2-5

夢中でペロッと食べてしまった

「親会社はサービス業なので、細かいところだと挨拶の仕方やお客さんに対する応対なども含めた働き方の基準があります。なので、従業員のみなさんにはその公楽基準で働いてもらう必要がありました。でも私はまだ若いですし教わる立場でもあるので、どういう立ち位置で社内体制を整えていいか悩みました。結局は私一人でどうにもならず、父に頭を下げて親会社から幹部クラスの方々に出向してもらったんです。小さなことからなぜこれをやってほしいのか、この蔵で働く人たちと一緒になって考えながら、よくない部分を根気よく改善していく作業に取り組みました」

結果は今の従業員を見ればわかるだろう。

「ありがたいことに、杜氏など酒づくりに関わる蔵人や社員は聞く耳を持ってくれました。雫石に通えないあるいは定年退職で辞めた社員はいましたが、従業員はほとんど残ってくれたんですよ。やっと新しい体制で酒蔵の仕事を進められる段階です」

そう言って彼女は立ち上がり、サンプルの酒瓶を持ってきてテーブルに並べた。私の気持ちが読まれたのか七福神ばかりである。【写真2-6】

2-6

「七福神はとても縁起がいい名前です」

「菊の司酒造はもともと商品数が多く、約40もの銘柄があったんです。現在はなんとか減らして25くらい。今も減らしていく方向なのですがその作業のなかで、菊の司酒造といえばこの一本というお酒を確立したいと考えました。そこで候補に上がったのが七福神です。創業時からの菊の司も大事にしたい気持ちはありますが、菊のなんとかというお酒は他にもありますし、蔵の顔になるのでよりおめでたいイメージのお酒にしたくて。七福神はとても縁起がいい名前です。ありそうでない銘柄ですよね」

七福神に魅力を感じた自分からすればうれしい展開。今後はこの酒を看板銘柄として育てていく。

「なかでも私がつくったラベルのなかでいちばんクラシックな超辛口には思い入れがあります。昨年もお話しましたが、雫石に移転してから新しくつくったお酒なんですよ。辛口というお酒はほかにもありますが、超をつけて差別化したいと思いました。七福神のなかでもっともキレがいい酒です。ただ結の香（岩手の酒米）を使ったやわらかさもあるお酒なので、これが超辛口？って思われる可能性もありますが、うちの蔵としては超辛口なので思い切ってふり切りました。自分にしては攻めたつもりです」と笑う。

そうは言っても彼女の独断ではない。どういう商品（酒）をつくるのか酒質のよしあしなどの取捨選択は、経営陣だけではなく製造部も一緒になって決めるという。

「社長はよく「売る人は酒づくりを知るべきだしつくる人は売ることを知るべきだ」と言っています。なので、私を含めた営業サイドも全員酒づくりに関わっていますし、製造部の杜氏や頭も商品を決める会議には必ず参加してもらいます。なるべく蔵人にもイベントや催事の店頭に立ってもらい、お客様の反応を見てもらうようにしているんですよ。それこそ唎き酒もみんなでします。去年と味が違っていないのか、あるいは変えた味を戻すとかも全員で検討しますね」

雫石の蔵はまだはじまったばかり。新しい試みにも挑戦しやすい時期だ。

「蔵の歴史は長いですが、菊の司酒造は全国的に見るとまだ無名なので、新しいことを試すなら今かなと。蔵の酒質やイメージが固まってしまってからだと、新しいことをするのって大変になるじゃないですか。昔からの酒質はキープしつつ、向こう3年くらいは自由にいろいろな酒にチャレンジしたいです」

ひととおり蔵を見学したあとは夜の酒を求めて再び盛岡へ。祝日ということもあり彼女が贔屓の店が軒並み定休だったが、ここなら間違いないという店に案内してもらう。ホテ

ルメトロポリタン盛岡のＮＥＷ ＷＩＮＧ１階にある「日本料理 対い鶴」だ。

盛岡人には馴染みのあるホテルだろう。私も昔から親戚の集いなどで足を運んでいたが、日本酒を目当てに来たことはない。ワクワクしながら少し敷居が高そうな暖簾をくぐると椅子席の個室に通された。試飲会場のごとくすでに酒が氷入りのクーラーにセットされている。色とりどりのうつくしいガラスの盃も並べられていた。

料理はお任せコースということで、一杯目の酒は貴和子さんに選んでもらう。

「春限定の純米酒きくつか「凛」がおすすめです」と言うと、フォーマルな制服を着た男性スタッフが酒を注いでくれた。少し恐縮しながら乾杯。ふわりとした甘みが可愛い。最初にふさわしい軽めの酒だ。【写真2-7】

すぐに料理が運ばれてきた。「ヤリイカのこのこ和えでございます」と着物姿の女将らしき人が言う。このことはナマコの内臓を塩漬けした塩辛のこと。しょっぱなから日本酒つまみの直球である。イカの甘みや

2-7

春限定の純米酒きくつか「凛」

2-8

ヤリイカのこのこ和えと相性バッチリ

このこの塩気が酒にバッチリ合う。［写真2－8］

続いて貴和子さんが立ち上げた生酒シリーズ「innocent（イノセント）—無垢—」の精米歩合50と60をいただく。［写真2－9］

「これは私がお酒の搾りたてをはじめて飲んだときの感動を届けたいというコンセプトでつくりました。初べイビーな新鮮さを楽しんでほしいです」と言う。口開けはキリッと硬くタッチが強い印象。じっくり飲んでいると酒が空気に触れてだんだん味がまとまってきた。椀もので出された「牡丹鮎並（あいなめ）青味 梅肉」の梅の酸味と相性がいい。刺身の「天然鯛の薄造り 本鮪 白姫えび湯通し」などにも寄りそう。［写真2－10／2－11］

しかし、搾りたての感動を伝えるならば少しおとなしいというかどこか新鮮味が足りない。そう遠慮なく伝えると、「ありがとうございます、私もそう感じました……。はっきり言ってしまえば、正直この状態はベストじゃないです。今の悩みなのですが、特にinnocentはタンクによってコンディションが違う場合があって。そこは必ず改善したい。おかげさまでinnocentが好きだというお客様が増えているので、着実にレベルアップしていきます」。

2-9

貴和子さんが立ち上げた生酒innocentを

2-10

牡丹鮎並青味 梅肉

その正直な言葉に私はまた感心する。自分で銘柄から立ち上げた酒ならば相当な思い入れがあるはずだ。でも、彼女は思い入れに溺れることなく、客観的に酒を見る視点を持っていた。飲み手（客）の気持ちを忘れていないのだろう。蔵元によっては自社の酒を可愛がって大切にするあまり、酒のコンディションに無頓着な人がたまにいる。品質に落ち度があっても「タンクによって個体差があるのは仕方がないですね」などと言って済ませてしまう。わかっていてあえて認めないかほんとうに気がつかないかのどちらかだが、いずれにせよ人の口に入るものをつくる姿勢としては両方アウトだと思う。彼女も共感する。

「うちはまだまだの蔵ですが、社長も私も酒の品質や鮮度には敏感です。流通に耐えられるお酒をつくることも課題ですが、常にいちばんいい状態なのかどうかを気にすることも酒蔵として大事じゃないですか。例えば飲食店さんや酒屋さんで、製造年月から3カ月過ぎたお酒は回収して新しいお酒をお送りするようにしているんです」

　このタイミングで煮物の「すっぽんスープ煮」が運ばれてきた。豆腐やシイタケ、水菜などが入ったつゆだく料理だ。そろそろ出汁に合う地

2-11

天然鯛の薄造り 本鮪 白姫えび湯通し

2-12

すっぽんスープ煮

味な酒が飲みたい。【写真2－12／2－13】

「落ち着いた味の岩手山はどうでしょうか」とすすめてくれる。名前からしていいがしみじみした旨みもいい。思わず燗酒でもよさそうだとつぶやいてしまった。すると彼女の目が輝く。

「私も燗酒が好きです。以前、寒い冬に鍋と一緒に熱燗を飲んで日本酒の深さに感動してしまって。innocentみたいなフレッシュな酒だけが日本酒のおいしさじゃないんだなと気がつきました。酒単体よりも日本酒は食事と合わせて飲むほうがもっとおいしいのもいいところだなあと。その経験が七福神の超辛口をつくる原点です。私はまだ日本酒の知識や経験はないですし、情熱と感覚だけでこの酒を追求していますが、冷やでも燗でも飲める今の超辛口は自信を持って出しています」【写真2－14】

気がつくと手酌が止まらない我々。（残念ながら超辛口は品切れとのことで）

私は岩手山をすすりながら、心のなかで未来を担う期待の蔵元候補が出てきたとうれしくなった。だが、彼女はどこまでも蔵元業を慎重にとらえ、「うーん。毎日手を抜かず精いっぱいやろうと思っていますが、正直、先のことまで考える余裕がなくて。今は幹部層のみなさんに自分が生か

2-13

ここで、落ち着いた味の岩手山

2-14
気がつくと手酌が止まらない我々

されているという感覚しかないんです。社員を引っ張っていくためにもっと修業しなくてはならないと思っています」と言う。

もともと酒蔵の仕事を任されたのも自分の意志ではなく、さまざまなタイミングに巻き込まれるようにして決まったことだった。

「最初はこの仕事をするなんて全く想像していませんでした。私は東京の大学卒業後はIT会社でずっと働いていて、実家の岩手に帰ってきたのもコロナがきっかけだったんです。体調を崩した母親が心配だったのと、しばらく実家で過ごしていなかったので、たまにはゆっくり岩手にいるのもいいかなって」

日本酒業界は全く彼女の範疇に入っていなかったと言っていい。

「IT業界でずっと働くつもりだったんですが、仮に転職するにしても在庫を抱えない仕事が絶対に良くて。世間は物がなくては成り立たないんですが、自分は物を抱えない職種が向いているんだろうなと思っていました。在庫を持つと管理や発送とか新商品とのバランスとか、めちゃくちゃ大変じゃないですか。それなのに気がつけば在庫管理に苦労する業界にいます（笑）。あれよあれよという間に今の状態ですよ」

おそらく、今は彼女もそんなに気がついてはいないが、日本酒に呼ばれたのだろう。だからと言ってどうなるものでもないが、日本酒の世界には無意識に酒に引き寄せられるそういう人がたまにいる。

「なんだかんだ言っても日本酒の仕事はおもしろいです。日本酒って日本の名前が入っていても日本人全員が背負っているわけではないですし、アルコール離れが進む今は商売としてすごくむずかしい半面、真剣に盛り上げようとしている人が多いので、伸びしろはあると思っていて。そのなかでどれだけ自分の蔵が上にあるいは前に出ていけるのか。蔵の生き残りをかけて諦めずに試行錯誤を続けていきます」【写真2-15】

蔵元と行った酒場

・日本料理 対い鶴　岩手県盛岡市盛岡駅前北通2-27ホテルメトロポリタン盛岡NEW WING1F

岩手の季節の食材を使った日本料理が味わえる。どれも素材の味を生かした新鮮な味つけで日本酒のうまさを引き立てる。菊の司酒造の酒のほか岩手の地酒を豊富に楽しめるのもいい。しっぽりと飲むのにおすすめだ。

2-15

「日本酒の仕事はおもしろいです」

蔵元おすすめの立ち寄り処

・**手づくりアイスクリーム牧舎 松ぼっくり** 岩手県岩手郡雫石町長山早坂70–48

地元の松原農場で毎朝搾る新鮮な牛乳と、旬の素材を使ったジェラートがおいしい。菊の司酒造の心星を使った日本酒味はぜひ。

・**産直松の実** 岩手県岩手郡雫石町長山早坂70–9

松ぼっくりのすぐ隣にある産直屋。雫石の新鮮な野菜や加工品が買える。筆者おすすめは地元で採れたワサビ。値段が手頃で味もいい。

・**道の駅 雫石あねっこ** 岩手県岩手郡雫石町橋場坂本118–10

キャンプ場、川遊び、温泉と一日遊べる道の駅。雫石産のお米「ひとめぼれ」をつかったソフトクリーム「ひとめぼれソフト」がいちおし。お食事処、おみやげコーナーには、七福神がおいてある。

・**ゆこたんの森** 岩手県岩手郡雫石町長山猫沢3–6

岩手山をのぞむ絶好のロケーションにある温泉宿。木のぬくもりが感じられる館内と、雫石産の食材を使用したお料理が魅力。

3

人知れず歴史を重ねてきた猪苗代に唯一残る地酒

七重郎 稲川酒造店 ◎福島県耶麻郡猪苗代町

世間にはまだ知らない日本酒がたくさんある。

日本酒について書く仕事をしているとよく「わからない銘柄なんてないでしょう?」と言われるが、真顔できっぱり否定する。すると、謙遜している、あるいは(私を)そんな程度なのか、と思っているような表情をされるが間違いないのだ。たぶん趣味で飲んでいる人たちのほうが、知っている日本酒の「数」は多いだろう。

自分のなかで酒を知るとは、口から喉を通して腑に落ちるまで飲み続け、酒を体に染み込ませることだ。

私はじっくり飲んで酒をわかりたい亀タイプ。唎き酒に近いちょっと口をつけた（喉を通した）程度の酒は、ただ上澄みをかすったようなもので、知っている銘柄にはカウントしていない。名前を聞いたことはある、てな具合。20年かけてようやく知っている銘柄のほうが増えてきたぐらいだ。

日本酒を書く人間としては、ずいぶんのんびりしすぎだと言われることもあるが、それでいい。知らない銘柄があるとは、これからも新しい酒の縁があるということ。「日本酒で知らない銘柄はない」と無理して大きく構えるよりも、何年経っても知らない酒があるとわくわくしていたい。しかも今までの経験上、そんな呑気なスタンスでいたほうが素直によい酒縁を引き寄せるのだ。

最近のよい酒縁というと稲川酒造店がつくる「七重郎」を真っ先に思い浮かべる。【写真3－1】

この酒に出会ったのは2023年。福島県の猪苗代湖の周辺で開催された音楽イベント「オハラ☆ブレイク23秋」がきっかけになった。【写真3－2】私は、来場者に提供する日本酒のセレクトを担当したのだが、

3-1

稲川酒造の七重郎

3-2

出会いは音楽イベントだった

なんとなく猪苗代の酒蔵をネットで探してヒットしたのが七重郎だった。

　更新が止まっているような古めかしいホームページをスクロールすると、下部に無骨なラベルの七重郎が見えた。第一印象はあまり惹かれない。しかし、福島の酒はほとんど知っている気でいた私としては、未知の銘柄があったことに驚きうれしくなる。

　まずは飲んでみたい！と自分の知る手がかりをもとに買える店を探求開始。開催前に猪苗代町で行う（銘柄を決める）試飲会めがけて七重郎を送りこもうと考えたのだ。ところが、買えるところがなかなか見つからない。そこで、猪苗代町出身のフェス主催者・菅真良さんに酒の手配をお願いすると「七重郎ですか!?」と反応。まさか私が地元の酒を候補に選ぶとは思わなかったらしい。

　試飲会の当日。福島だけではなく、全国屈指の酒質を誇る人気銘柄に混ざる七重郎は、いかにも「田舎の地酒です」というような控えめな顔をしていた。［写真3－3］

　次々に酒の封が切られ、試飲のたびに「おいしい！」と歓喜の声が上

3-3 「田舎の地酒です」というような控えめな顔

がるなか、最後に七重郎の出番がやってきた。すぐにひと口、ふた口。おっ……と目を見開き、言葉を発しようとした瞬間。今回の「オハラ☆ブレイク」のカンパイプロデューサーであり、雑誌『dancyu』編集部長・植野広生さんがこうつぶやく。

「これは常温でずっとだらだら飲めますね！」

まさにそうだったのだ。

味の起伏がなくスッと飲めるやわらかさがあり、香りも控えめ。飲んでいるといい感じに脱力しそうだ。ライブを聞きながらだらだら飲むのにぴったりの日本酒じゃないか。

採用決定。他の酒は時間帯を区切っての提供だが、七重郎だけはいつも飲める常備酒として選ばれた。数ある人気銘柄を抑えていきなりの大抜擢である。

蔵元はどんな人なのだろう？　気になった私は菅さんにぜひ紹介してほしい、さらにできればフェスの翌日に蔵に伺いたいので仲介していただけますか、と伝えたところ、「蔵元は塩谷（隆一郎）さんと言いますが、実は僕の中学校までの同級生なんですよ。人見知りであまりしゃべる人じゃないけど大丈夫ですか」と苦笑いした。

任せてください、そういう方は大得意です。なんて、謎の自信過剰なアピールをしてしまった自分を滑稽だと思いながらも、蔵元に会えると思うと胸が高鳴り、闘志みたいなものが自然に湧いてきた。

フェスの当日。まずは、郡山駅から迎えの車に乗り込む。乾杯酒として選ばれた寫樂の宮森義弘社長と、サポート役として参加する弟の大和専務、寫樂の専属カメラマンの山口広幸さんこと「ぐっさん」と合流した。この宮森チームとは旧知の仲である。するといきなり、「七重郎を選ぶなんてやるな。めちゃくちゃいいね!」と宮森社長が言う。

私は彼の心理がよく飲み込めないまま、七重郎を抜擢するまでの経緯を話し、翌朝は蔵に伺うことを告げると、「マジで! 俺も行きたい!」と反応した。

続いて大和専務が口を開く。「社長は塩谷さんが大好きなんですよ」と言う。

予想外の本音に驚いた。理由はこうである。まだ全国はおろか福島県内でも存在が薄かった寫樂の若手時代。蔵を継いだばかりの宮森社長に対する同業者の反応は冷たく、挨拶を交わすことすらままならない状況のなか、唯一気さくに声をかけてくれたのが塩谷さんだった。宮森社長はたいそう感激して以来、いまだにそのときのうれしさと恩義が忘れられないという。

「塩谷さんはとにかく人柄がいい。あんなに人がいい蔵元はなかなかいないよ」と宮森社長。ただ、「恥ずかしがり屋だから最初は話していても絶対に目を合わせてくれないはず!」と笑う。

いよいよ対面。【写真3-4】

月並みな挨拶をすると、塩谷さんは腰をかがめながらなんどもお辞儀をし、「あ、ありがとうございます〜」と語尾を伸ばして言う。

やはり目は合わない。目線はあっちに行ったりこっちに行ったり。ちょっと落ち着かない動作である。

しかし、塩谷さんと親しい宮森チームがいたからか、徐々に打ち解け、お酒の酔いも手伝って最後は楽しく話ができるように。気がついたら目を合わせてくれるようになっていた。【写真3-5】

フェスが終わった翌朝。宮森チームの車で稲川酒造店へ。車内で大和専務が言う。

「実はまだ塩谷さんの蔵に行ったことがなくて。というのも、同業者で

3-4

塩谷さんといよいよ対面

3-5

塩谷さんと徐々に打ち解けてきた

も蔵をなかなか見せてくれないんですよ。どんなに有名人でも「うちは別にいいです」って断るくらいだから、今回はすごい展開です」

少し前までは全く知らなかった七重郎とこんなことになるなんて。酒の縁はどこまでもふしぎである。

そうこうしているうちに到着。酒蔵らしい古風な木造りの外観だ。【写真3-6】

さっそく蔵内へ。その瞬間、私たちはあっと声を上げた。

蔵がとても清潔なのだ。【写真3-7】建物自体は古い。でも、どこもかしこも掃除が行き届き、広々とした蔵内は清らかな空気が流れている。

「いや、これ、ほんとすごい。申し訳ないけど俺、塩谷さんの蔵のことナメてたかも」と大和専務は驚きを隠せない。

塩谷さんはというと、ぽかんとした表情で「まあ普通ですよ」と言う。

蔵のなかを見ていくと、掃除が行き届いているだけではなく、道具類もきちんと整頓されていた。【写真3-8／3-9】どなたが掃除や整理整頓をしているのだろう。

「杜氏や従業員とか私がたまにサーッと拭いたり片づけたりする程度で

3-6

酒蔵らしい古風な木造り

3-7

蔵がとても清潔

すね。はい、これといって特に」と塩谷さん。【写真3－10】杜氏は勤続30年のベテラン安部毅さんが務めているが、蔵人がたくさんいるわけではなく、清掃と似たように瓶詰めまでの主要な酒づくりも「ほぼワンオペで人力ですね」という。蔵人を増やしたい気持ちはあるが、酒蔵の仕事は体力的にきついことが多く、継続するのも簡単ではない。「寒いし冷たいし疲れるし……。大変ですよこの仕事。腰が痛くなったのでやめさせてください、とかありますしね。かと言って働く人は誰でもいいってわけではない。それが困っちゃうところなんですが」困っていながらも、蔵はきれいに保っているところに我々は感激したのだが、塩谷さんからしたら当たり前のことなのだろう。

稲川酒造店の創業は1848年の嘉永元年。初代は今では銘柄となった（塩谷）七重郎である。【写真3－11】もともと質屋や食品の小売業などいろんな商売をしていた人で、米が豊富に取れる地域性を生か

3-8

この整理整頓ぶり

3-9

3-10

酒づくりも「ほぼワンオペで人力です」

して日本酒をつくりはじめたという。

塩谷さんは6代目。東京農業大学で醸造を学んで25年前に蔵へ戻り、それ以前から働いていた同世代の阿部毅杜氏と長くコンビを組んでいる。話を聞いていると2人の関係は、互いの立場を重んじながらつかず離れず、というような印象。

「(酒づくりの)配合を決めるのは杜氏です。私も唎き酒はするけど、つくりに関しては杜氏にお任せ。あれ?って思うときは本人もわかっているはずなので、ほとんど口を出すことはないです」

とはいえ、酒質の方向性は蔵元が決める。

「香りは控えめな酒がいい。ふだんの晩酌で飲めるような普通の酒でしょうか。凝ったものは好きじゃないんです。普通がいちばんです」

肝心の七重郎は、約20年前に先代の秀一さんがつくったそうだ。

「うちはメインが普通酒でしたが、スッキリと淡麗な酒しかつくっていませんでした。ところが、淡麗ブームが終わり、トロッとした甘みの十四代が人気になった影響で、もう少しコクのある酒をつくってみようとはじめたのが最初です」

3-11

創業は1848年である

また、普通酒に主軸を置いた商売からの脱却もあった。

「昔はみんな普通酒をアホみたいに飲んでくれていたから（笑）。夜中に酔っ払っているおっちゃんもたくさんいましたよ。でも、いっぱい飲んでいた人が高齢化して、若い人は飲まないし、だったらいい酒をつくって単価を上げる方向性にしようってなりました」

それでも、都心に売り出すようなことはしなかった。福島県内でほとんどを売り、猪苗代町だけでシェアは6割だという。どうりで私が買えなかったわけだ。多くの蔵元が目指す東京に売り込むことはしないのだろうか。蔵の売店で酒を買いつつ聞いてみたところ、せわしなく会計作業をしながら、塩谷さんは「東京はおっかねえっす。おっかねえ」と言った。【写真3－12】

3-12

「東京はおっかねえっす。おっかねえ」

はじめて七重郎を訪れてから約1カ月後。私はふたたび猪苗代町に足を運んだ。七重郎をこの地で飲むために来たのだ。雲が多い寒い日で、

車窓から見える磐梯山（ばんだいさん）にはかすかに雪が積もっている。【写真3－13】

時刻は正午。猪苗代駅に迎えに来てくれた塩谷さんの車で、まずは稲川酒造店へ。お茶を飲みながらしばしおしゃべりをするが、このあと、蔵の目の前にある蕎麦屋で昼飲みをすることになっている。前回、七重郎を訪れたときは行けずに心残りだった、塩谷さんの叔父にあたる人が営む「しおや蔵」である。七重郎だけではなく、創業時からの定番銘柄「稲川」も飲めるという。もし店に在庫がなかったら「蔵から酒を持っていけばいいだけなんで」と塩谷さん。酒が売り切れることはなさそうだ。私からすれば夢のような蔵と店との距離。行く前から頬がゆるみっぱなしになる。

すると、ガラガラっと扉を開ける音がした。途端に塩谷さんが、「やばい、あら、びっくりした。びっくりぽん！」と不意を突かれたような表情で笑う。

そこにいたのは、待ち合わせよりもだいぶ前に来た宮森社長とぐっさんだった。

「塩谷さん、やばいってなんなんですか！」と宮森社長が爆笑する。実

3-13

磐梯山にはかすかに雪が

は、大の蕎麦好きだという宮森社長に「しおや蔵」に行くことを伝えたところ、「俺も行く」と即決。ぐっさんの運転で寫樂がある会津若松から車で来てくれたのだ。しかも待ち合わせの1時間以上も前に現れるとは。塩谷さんが驚くのも無理はない。どう考えても張り切りすぎ。

今夜泊まるのは会津若松である。猪苗代町には気軽に泊まれるホテルがないそうで、このあとは会津若松へ移動。夜は塩谷さんも合流し、宮森チームとともに宴会をする段取りになっている。それなのに、忙しい時間の合間を縫い、わざわざ猪苗代まで来るとは、どれだけ蕎麦、いや塩谷さんが好きなのだろう。

予約した時間には少し早いが、「しおや蔵」の暖簾をくぐる。【写真3－14】

店内は食堂に近い家庭的な雰囲気で、親戚の家にまぎれこんだような、ホッとする空間。手書きのメニューがそそられる。蕎麦の他にも山菜小鉢やじゅんさいとろろ、きのこおろしにきのこの天ぷらなど、山のものを使ったつまみも豊富でかなり迷う。【写真3－15】

さんざん悩んで、にしん山椒漬けを選ぶ。にしんの山椒漬けとは、生

3-14 
おすすめの蕎麦屋「しおや蔵」へ

3-15 
手書きのメニューがそそられる

魚が手に入らなかった昔に生まれた福島の郷土料理。みがきにしんに山椒の葉をかぶせ、醤油や酒、酢で味つけをしてじっくり漬ける保存食だ。私は福島に来ると必ず食べる好物で日本酒のつまみに最高。店主に聞けば自家製という。

うれしすぎる。近年は地元のスーパーや土産物屋に行っても、売っているのは漬け時間を短くした添加物入りのものが大半で、宮森社長いわく手作りする人が激減しているとのこと。福島を訪れるたびにさびしい思いをしていたのだ。

七重郎と並べていただく。［写真3-16］ちなみに、私以外は車の運転や仕事でノンアルコール。みんなには悪いが、ちょっとした背徳感に包まれながら飲むのがまたうまい。淡々と口に広がる酒の旨みが、酸っぱい味と醤油が効いたにしん山椒漬けに無理なく合う。ひとしきり飲んでいると、

「珍しいものがあるけど食べる?」と店主に言われ、アケビの肉詰めや天ぷらも食べる。［写真3-17］とろりとした食感で甘みがあるが、野性味がある苦さも後を引く。このビターな風味が酒を進ませる。これはまいっ

3-16

七重郎とにしん山椒漬け

3-17

アケビの肉詰め

た。一人でなんかすみません、とみんなに言ってしまったほどぐびぐび飲んでしまう。

注文していた天然きのこ蕎麦が来たタイミングで稲川の熱燗を。【写真3-18】七重郎よりもひなびたやさしい味で、噛みごたえがある蕎麦ときのこの香りにしっくりくる。寒くて冷えた体がぬるま湯に浸かったように温まった。

ふと。みんなが蕎麦をすするなか、なぜか塩谷さんはカレーうどんをずるずる。

「うどんもおいしいんですよ。私はいつもこれです。蕎麦よりもこっちになっちゃいますねえ、はい」と言う。

蕎麦を食べたくて集まった我々はずっこける。表面には出していないが、意外と自分の考えを貫く頑固さがあるのかもしれない。

会津若松へ移動し夜になった。宴会の会場になったのは、宮森社長が

3-18

天然きのこ蕎麦が来た

経営の居酒屋「もっきりセンター会津支部」である。店名の前には「全会津地酒協同組合 連合会」がつく。舌を噛みそうなほど長い。【写真3－19】寫樂だけではなく会津の地酒が全種類飲める店だ。自社だけではない他の酒も知ってほしいという、煮えたぎるほどの熱い想いが硬派な店名に現れたのだろう（にしても笑えるほど硬派な名前だ）。

ビールで乾杯し、しばらくすると塩谷さんがふらりと登場。一瞬、場が沸く。いよいよ本腰を入れた飲み会がはじまった。

寫樂や七重郎、会津の酒も交えながら野菜たっぷりの鍋をつつき【写真3－20】、一同の酒を飲む手も話も止まらない。酔うのも早い。宮森社長がしみじみ言う。

「塩谷さんと会えてよかった。誰にも相手にされない、帰って来た頃のことを思い出すと涙が出る。塩谷さんは今だって誰に対しても同じ態度で自然体。すごくいいんだよなー。これほどの人格者はなかなかいないよ」

塩谷さんはなんども頭を下げながら、「いやいやいや、とんでもねえっす。こちらこそ、こんな外様（蔵）と仲良くしていただいてありがたい

3-19

居酒屋「もっきりセンター会津支部」

3-20

野菜たっぷりの鍋をつつく

です」と返す。

男同士がいいなあと思うのは、なんの前置きもなく素直に互いを褒め合うこういう瞬間だ。蔵元はそれができる人が多い気がした。なんだか泣けてくる。もう飲むしかない。七重郎をもう一杯ください。

ところで、地元の人は七重郎の味わいについてどう感じているのだろう。酒質にうるさい宮森社長の意見が聞きたい。

「（私が推した七重郎も含めた）火入れ酒は全然いい。15年くらい前の生酒が中心だった頃は劣化したような香りがあってだめだったけど。品質を保てる火入れ酒をメインに変えたのはよかった」と指摘する。

対する塩谷さんは、「え〜すごい。やさしい。飲んでいてくれていたんだ」とうれしそうに笑う。

前よりもおいしくなったと言うのはぐっさんだ。

「6、7年前はなんか埃っぽい味で好きじゃなかったんですよ。で、（酒づくりを研究する）県の先生に聞いたら、水が原因じゃないかって教えてもらいました。猪苗代はもともと水がいい土地でしたが、スキー場などリゾート地としての開発が原因で水の質が悪くなった説があります。それを改善してからですよね、とてもおいしくなったのは」

現在は天然の伏流水ではなく、「水道水を丁寧に濾過したものを仕込みに使っています」と塩谷さん。天然水というとイメージはいいが、酒の味を求めれば不純物がない水のほうが適する場合があるのだ。私は水を改善したあとで七重郎に出会った。運がいい。この酒に縁があったのだと思う。

それから酔った勢いで塩谷さんに、七重郎のどんなところが好きですか、と聞く。

「うわ、直球。照れちゃうなあ。困っちゃう」と言ったあと、みんなの顔を見ながら恥ずかしそうに言葉にした。

「恐れ多いのですが、七重郎いいよね、と他の人たちが言ってくれるのがうれしい。好きなのはそう言われるところだけですね。だから今この場に居られるだけでうれしい。構っていただいてありがとうございます」

【写真3－21】

やさしい空気に包まれる宴席。飲み会はまだまだ続いていく。

3-21

七重郎の好きなところを語る塩谷さんと宮森社長

蔵元と行った酒場

・手打ち蕎麦 しおや蔵　福島県耶麻郡猪苗代町新町4875−2

稲川酒造店の向かいにある地元民にも愛される蕎麦屋。旬の素材を使うつまみや蕎麦がうまい。冷酒の七重郎を飲んで稲川の燗酒に移行するのがおすすめ。

・居酒屋 全会津地酒協同組合 連合会 もっきりセンター会津支部　福島県会津若松市栄町7−5

全会津の酒が飲める。日本酒だけではなく、ビールやホッピーなど酒類が豊富でふだんの居酒屋使いとしてもいい。馬刺しやにしん山椒漬けなど会津の郷土料理もあり。

蔵元おすすめの立ち寄り処

・肉のおおくぼ　福島県耶麻郡猪苗代町堤4962−1

80年以上の歴史がある精肉店。会津の馬刺しのいろんな部位が買える。自家製のニンニク入りの辛子味噌もおいしい。

・せんべや　福島県耶麻郡猪苗代町字諏訪前6795−1

甘党の蔵元が推す揚げまんじゅう一筋の店。地元でも人気で売り切れることも。七重郎や稲川のつまみにもいい。

4

コツコツ酒を磨いた先に着実なヒットが待っている

廣戸川(ひろとがわ) 松崎酒造 ◎福島県岩瀬郡天栄村

ただ好きで飲んでいた酒が、気がつけば人気銘柄になっていた。それが、世間によく知られていない頃から応援していた酒ならば、もっとうれしい。「廣戸川」はそうだった。【写真4-1】

この酒をつくる松崎酒造は明治25年(1892)に創業。天栄村で麹屋を営んでいた初代の松崎七之助が酒蔵へ転身したのが端緒だ。銘柄は、蔵に近い天栄村の釈迦堂川の旧名「広戸川」が由来。昔から豊かな米処であり、今も仕込み水に使う阿武隈山系の良質な伏流水にも恵まれた土地柄も、酒蔵を設立した理由だろう。

もともとは地元だけで飲まれる酒だったが、全国に名が広まるきっかけをつくったのは、6代目で杜氏の松崎祐行さんこと「まっちゃん」だ。今や日本酒愛好家で知らない人は（ほぼ）いないと思う。

と言っても酒自体はいかにも人気者というような目立つタイプではない。ほのぼのした旨みが主体で押しが強い味ではなく、ひと口で記憶に残るような飛び出た個性があるわけでもない。

私が飲みはじめた約10年前は、今よりもっと味が控えめで「水みたいな酒」と顔をしかめる酒販店の店主もいた。酒質はいいが個性がなさすぎると指摘されたのである。私は水みたいと言われた味を「無色透明なきらめき」と感じて惹かれ、酒が放つ無垢なところに伸びしろを感じたのだが、心から共感してくれる人は多くなかった。

さらにまっちゃんも酒と同じく控えめタイプ。「一升瓶を飲み干せる影のような地味な酒」をつくりたいと言い、量を飲める優しい味わいは魅力だがラベルも素朴一辺倒で前のめり感はゼロに近い。知らない人の前で喋るのも苦手だそうで、メディアや酒の会などにもあまり出たがらない。余計に注目を集める機会が少ないだろう。

4-1

推しの酒・廣戸川

ただ、特筆すべきところがないわけではない。廣戸川はコンテストにめっぽう強いのだ。全国新酒鑑評会をはじめとする数々の品評会で、金賞をはじめ上位に入賞する常連である。まっちゃんが優れたつくり手であることは間違いない。

でも、有名無名を問わず数多くのコンテストがひしめく今は、金賞あるいは賞レースの1位を取る蔵はたくさんある。受賞の際は脚光を浴びるかもしれないが、よほど営業（広告）に力を入れなければ、それを爆発的な売り上げにつなげたり、移り変わりの激しい日本酒業界でスポットライトの光を持続させるのはむずかしいだろう。

おいしいだけでは売れない。日本酒の世界ではそんな声をよく耳にする。どんなに味がよくても、ラベルや酒質、珍しい酒米に新製法など何かしら目立つ要素がなければ埋もれてしまうというのである。

世の中には、話題になっていても飲んでみたら「そうでもない」酒もあるから悔しいが一理はある。人はどうしたってまず目につくものを手に取る。流行りものにも弱い。自分だってその気持ちが全くないと言えば嘘になる。そう考えると、この酒は埋もれる可能性が高いグループに入るだろう。

ところが、廣戸川は売れた。

じわじわだが、10年かけてファンを着実につかみ、日本酒愛好家で好きな酒に挙げる人はたくさんいる。ＳＮＳで廣戸川を見ない日はない。行きつけの日本酒酒場や酒販店の人たちによると、ごり押ししているわけではないのにリピート率が高いそうだ。まっちゃんに聞いてもコロナ禍をのぞけば売り上げは順調だという。

全ての酒を「おいしいだけでは売れない」と信じている人に「そんなことはない！」と廣戸川を印籠のように出して眼前で叫んでやりたい。しかしながら、なぜ目立つ要素が少ない廣戸川が売れるようになったのか。改めてその秘密を酒蔵で確かめたいと思う。

吐く息が白い。冷たい強風が吹く日である。酒づくりのピークを迎える12月中旬だった。これまで廣戸川を訪ねたことは何度かあったが、蔵がフル稼働しているときに行くのははじめてだ。

まずは新幹線で郡山駅に向かい、東北本線に乗り換えて白河駅へ。ここからタクシーに乗り、どこまでも続く田園風景を眺めながら30分で松

4-2
松崎酒造に到着、廣戸川たちが迎えてくれた

崎酒造に到着した。【写真4－2】

　携帯電話を見ると時刻は15時を回っている。

「お疲れさまです！」

　タクシーを降りると早速、彼が事務所からふらりと出てきて言った。なぜか、いつもよりも顔がむくんで目が充血している。どうしたのか。

「昨日、福島の蔵元たちとの夜の付き合いがあって飲みすぎました」と顔を手でゴシゴシさすりながら言う。酒造期には滅多に会えない同業者との酒はとても楽しかったらしい。今夜もしっかり飲むけど大丈夫？とさりげなく圧をかける私に「もちろん。楽しみっす」と笑いながら答える。

　しばし一服したあとに蔵内へ。

　ちょうど麹が完成したところだった。【写真4－3／4－4】触らせてもらうと麹はさらっとしている。

「うちの麹はやや総破精（そうはぜ）寄りの突き破精タイプです」と言う。

　破精とは、米のなかに麹菌が繁殖した状態のこと。総破精は米粒の全体にくまなく菌を繁殖させたもので、突き破精は米粒の中心部に食い込

4-3

4-4

12月はちょうど麹が完成したところだった

ませるように菌を生やしたものだ。どんな酒質をつくるのかによってタイプを選ぶのだが、前者は糖化力が強い麹ができるため、しっかりした濃い味の酒になりやすく、それに比べると糖化力が弱い後者はきれいな甘みが出やすいのが特徴だ。

いずれも、麹菌によって米が糖化する過程でオリゴ糖やグルコースなどさまざまな糖を生成し、米も液化するアミラーゼのような主要酵素を米に蓄積。これらが日本酒の甘みに影響を与える。

廣戸川では彼が言うように中間タイプをつくる。なるほど。約10年前に比べるとふくらみのある甘みを感じるのは、この麹が影響を与えていそうだ。

「それはあります。火入れや貯蔵も含めた廣戸川全体のつくり方の場合ですが、突き破精麹だけだと線が細い酒になるので、グルコースを出しやすい総破精麹の性質も取り入れたいいとこ取りっすね。廣戸川はもともと開封してから味が開くまで時間がかかっていたのですが、開けたてでも味のりしている今の酒になったのは麹の力もあります。試行錯誤してようやくこのつくり方に落ち着きました」

試行錯誤して、と聞き思い出した。

以前の取材でまっちゃんは、日本酒づくりのなかでも麹の仕事は「最初にして最大の難関」と答えていたことを。

彼が蔵に戻ってきたのは２００８年。大学卒業後に入学した「福島県清酒アカデミー職業能力開発校」や、廣戸川で20年以上、杜氏を務めていた板垣弘さんから酒づくりを学んだ。この杜氏が職人気質のかなり怖い人だったようで、当時を揶揄してまっちゃんは自らを「ろくでなし」と呼ぶが、めためたに怒られながら鍛えてもらったという。

「もう辛いばかりで逃げ出したくなるときもありましたが、ふり返るとこの下積み時代を持てたのは幸運でした。醸造の教科書や福島の酒づくりの先生方が教えてくれる方法以上に、自分の五感を磨くことを学びましたから。酒づくりは理論だけではわからないことが多く、頭で考えただけではどうにもならないことばかりなので、まず自分の感覚を頼みにやってみる。なので杜氏になった２０１１年以降は失敗の連続でしたが、そのくり返しのおかげでデータだけに左右されない自分なりの技術を得ることができました」

とりわけ麹づくりへの思い入れは強い。

「どうしてもいい麹をつくりたかった。納得できない酒ができたときはだいたい麹がだめだったからです。でもどうやったら麹が改善できるのかわからない頃は、やってもやってもうまくいかず……。夜も気になって眠れないし、自分についている菌が原因なんじゃないかと疑ったりして、ノイローゼに近い状態だったかもしれません」

しかし、先ほど書いたように試行錯誤した末に、ようやく今の麹に落ち着いた。現在も「自分が麹担当です」と言い、蔵人よりも率先して麹室に入るほど好きな仕事だと話す。麹屋だった先祖から受け継いだ遺伝子がなんとなく透けて見えるようだ。【写真4－5】

「麹づくりは匂いや手触りなど、目に見えて変化が実感できるところがおもしろい。米の品温や麹菌の生え方など予想外のことがあっても、今の自分のテクニックがあれば乗り切れることが多い工程ですし、(麹が完成する)2日間で結果が出るところも好きですね」

麹だけではない。彼が培った感性は、全国の酒蔵が昨今悩まされている発酵の際に「米が溶けない」事態にも生かされている。温暖化の影響で米が不良のため(高温が続くとデンプンが詰まらない白未熟粒ができやすい)、米が糖化また液化しにくくなっているというのだ。

「数年前から自分の感覚でそうなる予感はしていたので、特に慌てるこ

4-5

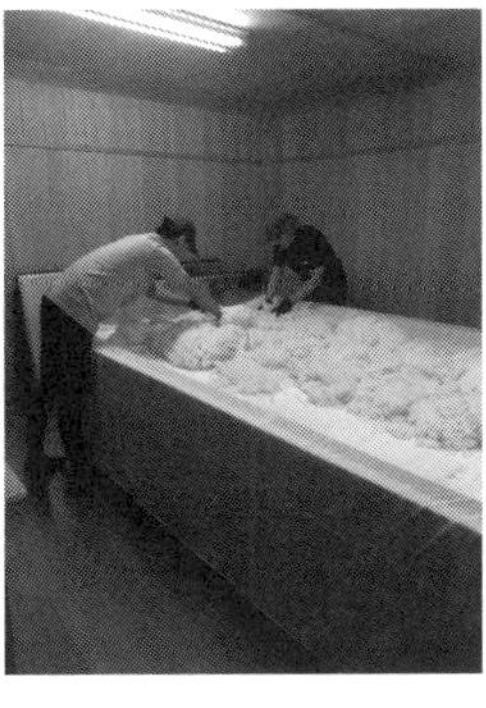

ここ数年で廣戸川に合う麹づくりを確立した

とはありません。今年（2023）も9月以降の気候を肌で感じて米が硬いとわかっていたので、いつも以上に意図的につくりました」

具体的にはなにをしたのだろうか。

「米が溶けないつまり米が糖化しにくいときは、酵母の働きばかりが活発になって発酵が進みやすく、アルコール生成を優先させた薄い酒になります。そうならないためには、タンクに仕込むときにいつもよりも水の量を減らし、濃度を上げて発酵を緩やかにさせます。糖化と発酵のバランスをよくするために、なるべく発酵期間を長くするってことです」

日本酒は並行複発酵という、糖化と発酵を並行させながら酒ができる。彼が教えてくれたように、糖をエサにする酵母による発酵だけが進行すると、日本酒に甘みをもたらす糖の成分が枯渇し、アルコールはできるが飲んでおいしい酒にはならないのだ。

今のところ廣戸川は、不測の事態でも酒質に影響はないと言っていい。が、米が溶けない状態で酒質を追求すればマイナスの側面も。

「仕込み水を減らした米が溶けにくいもろみは、搾ったときに酒粕が多くて経営的には大変です。この間8年ぶりに酒より粕のほうが多いタンクがあって、粕の量が50%を超えたっすよ。もう泣く泣くだしショックでした。かといって無理に酒化率（使用する米に対してできる酒の割合）を上げると変な雑味が出てくる可能性もあるから悩みますね。もろみから取れる酒の量を増やして酒質が落ちるのは愚の骨頂です」

目下は酒化率を上げつつ酒質をキープできる術を模索中と言い、「その試練を飛び越えるのは技術しかない」と付け加えた。

気がつけば外は真っ暗。話の続きは酒を飲みながらしよう。

残念ながら、蔵がある天栄村には夜じっくり飲めるところがないということで、彼に車を出してもらい隣町の須賀川まで足を伸ばした。

「今日はぜひお連れしたい地元の後輩の焼き鳥屋があるんです」と言う。車を走らせること約20分。国道沿いにひと際シックな建物が見えてきた。パチンコ屋やチェーン店が連なる国道沿いではずいぶん異質な佇まい。ここがまっちゃんの行きつけ「焼鳥 よし田」である。[写真4-6]

早速、暖簾をくぐると、きれいに磨き上げられた木のカウンターが目にまぶしい。腰を落ち着ける間もなく、彼は次々に常連とおぼしき先客たちに声をかけられて照れくさそう。穏やかな笑い声が店内に響く。廣

4-6

おすすめの「焼鳥 よし田」へ

4-7

最初は廣戸川の純米にごり酒から

戸川のファンは地元にも多いのだ。

なにはともあれ乾杯したい。

「最初は廣戸川の純米にごり酒からいきますか」と言う彼の合図で、店主が酒をグラスにそっと注ぐ。あれ、にごっていない透明だ。聞けば、この酒は店主が1日以上、冷蔵庫で動かさずにごりの澱（おり）をじっくり沈殿させたものだった。まずは透明な上澄みだけを飲んでほしいと言う。［写真4－7］

うまい、と酒を口にしてから間髪入れずに言ってしまった。

シュワシュワの泡感が清々しい。口当たりはシャープでドライ。ハッと目が覚めるおいしさだ。今まで何年もかけて純米にごり酒は飲んできたが、上澄みはこんなにくっきりした味だったのか。これは進みすぎて危険。あっという間にグラスを空にしてしまう。

私はもう一杯。運ばれてきた地元のフルーツトマトのキリリとした酸味ともバチッと合う。あたたかい鶏出汁の茶碗蒸しは酒の味を鮮明に。［写真4－8］根っこが入ったセリのおひたしのほのかなえぐみとも相性がいい。［写真4－9］もっと酒が進む。まだ席に座って10分ほどなのに飲む

4-8

フルーツトマトと鶏出汁の茶碗蒸し

4-9

根っこが入ったセリのおひたし

エンジンをかけすぎである。

「俺はこんな提供できないっす」とまっちゃんも私に負けずに酒をぐいぐい飲んでうれしそう。

対する、実家が松崎酒造の近くだという店主は、廣戸川が好きでたまらないようだ。

「うちの看板酒です。お客さんにはまず廣戸川を飲んでもらいたい。他の銘柄を注文されても最初の一杯は廣戸川しか出さないこともありますね（笑）。酒がおいしいのはもちろんなんですが、福島の川俣シャモを使った僕がつくる焼き鳥に抜群に合う。福島にはいい酒がたくさんありますが、自分はいちばん廣戸川を推しています」

看板なのは酒だけではなかった。こちらでは、チェイサーや料理、焼酎などの割りもので必要な水は全て廣戸川の仕込み水を使うという。かなりの惚れ込みようだ。おそらく廣戸川を知り尽くしているのだろう。でなければ、にごり酒の上澄みをスッと出せるはずがない。

次は澱を混ぜた酒をぐび。上澄みを飲んだあとだからなのか、米の甘みがしっかりと感じられる。余韻には穀物をイメージさせるやわらかい旨みがにじみ出てきた。

「にごりは定番の澄み酒よりも5％くらい麹の量が多いんです」と言う。

どうりで豊かな米味。でも、重くない。後口は軽く上澄みと同じようなドライさもある。

「多すぎるとくどくなりやすいアミノ酸の量が控えめになる、しっかり乾燥させた麹づくりの影響はあります。あとはつくり手に嫌われがちな苦みや渋みなどを生かすことですかね。前はそれを消す努力ばかりしていましたが、これらをちゃんと生かすとバランスのいい量を飲める酒になります」

メインの川俣シャモの焼き鳥はワサビを乗せたささ身から。うまい！肉質は弾力があって旨みが濃く、淡白な肉汁もにごり酒に合う。［写真4-10］続々と出てくるぼんじりや砂肝、かしわなどにも廣戸川はよき相棒だ。

今度は定番の特別純米を、ほんのりピンク色をした福島の赤ネギ串焼きと。［写真4-11］赤ネギのしっとりした甘みと香ばしさに、彼が生かしたというこの酒の苦みがよく馴染む。先ほど食べたトマトやセリといい、福島は野菜もおいしい地域なのだ。

「前に比べると地元の農家さんとの交流が増えたので、つくりたい味（一升瓶を飲み干せる地味な酒）は変わっていませんが、春の山菜や夏のキュウリなど季節の野菜にも合う酒をイメージするようにはなりましたね。苦

4-10

川俣シャモの焼き鳥、ワサビをそえて

4-11

ほんのりピンク色の福島の赤ネギ串焼き

み渋みを生かしたいと思った一つは、地野菜の味が自分のベースにあるからです」

それにしても、特別純米は私がもっとも飲み慣れた酒だが、いつもよりも喉の通りがいい。［写真4－12］廣戸川のなかでもっとも目立つタイプの純米大吟醸もするするいける。［写真4－13］前より飲みやすくなった？

「アルコール度数は15度を基準にしたからですかね。今はこの度数の範囲で味わいを表現したいと思います。前は17度や18度もありましたが、15度が酒の強さもバランスもいい酒になります。自分の体にも合うんですよ。若い頃は度数が高くても平気でしたが、39歳（取材時）の自分にとっては15度がちょうどいい。当たり前に年をとってきたというか、これは理屈じゃない感覚っすね」

よほど彼は感覚を大切にしているのだろう。

なんでもデータ化できる現代の酒づくりでは、先人たちが職人として重要視してきた、理屈にならない感覚の部分を磨くのは時間がかかるとして後回しにされがちだ。しかし、まっちゃんはその部分こそ、他の人には真似できない強みとして研鑽を積んでいる気がする。

4-12

特別純米はいつもよりも喉の通りがいい

4-13

純米大吟醸もするするいける

「さっき蔵でも言ったことですが、機械やデータに頼らない職人としての姿勢は、板垣杜氏の背中を見て教わりました。それは、奇をてらったことをするのではなく、どの工程も同じことをくり返さなければ身につかない技術です。再現性を高めていくということっすね。今でも酒をつくっていてなんか違うな、と思ったときは（板垣）杜氏さんのやり方にならうと意外としっくりきたりします。自分はそういう技術を常に磨きたい。酒づくりはなにをおいても技術を高めるほうが大事ですから」

技術を上げれば必然的に酒質もよくなる。彼の言葉を噛み締めていると、私は今さらそんなシンプルな方程式が頭に浮かぶ。となれば、技術を磨いてどんどんおいしくなる廣戸川のファンが増えていくのは当然のなりゆきである。

たしかに、結果をすぐに求めれば「おいしいだけでは売れない」だろう。

だが、時間をかけて途方もない試みとやり直しを諦めずに続けていれば、いつか廣戸川のように着実に売れる。長い目で見れば、質の高いおいしい酒が最後は勝つのだ。いくら立派なことを語って宣伝しても、中身がともなっていない見かけだおしの酒に未来のおかわりはない。そうでなかったら誰が日本酒を飲み続けたいと思うだろう？

「お客さんの期待に必ず応えられるような酒をつくるのは当たり前で、これからはその期待をさらに超える味を目指したい。「おいしい」からもう一歩踏み込んで、飲む人の心をつかむ酒にするのが課題です」

いつもは控えめな声で話す彼が、そこだけはしっかりと強調していた。

蔵元と行った酒場

・焼鳥 よし田 福島県須賀川市岡東町109

2019年開店の県外からも客が集まる人気の焼き鳥屋。廣戸川と焼き鳥を心ゆくまで楽しみたい。

蔵元おすすめの立ち寄り処

・須賀川キッチンあぐり 福島県須賀川市中町66フカヤビル2F

筆者も一度訪ねたことがある須賀川の食材にこだわる居酒屋。廣戸川をはじめ須賀川に近い酒蔵の日本酒を中心に楽しめる。松崎さんも福島の蔵元たちとここでよく集うという。

・粋・丸新　福島県郡山市神明町15－4

地元をはじめ全国の上質な食材を使う日本料理と福島の地酒がうまい店。「ここもわざわざ行く価値があります」と松崎さん。

・ＪＡ夢みなみ　はたけんぼ　福島県須賀川市卸町54

地元の野菜や米など旬の食材が買える直売所。生産者の手作りした加工品も人気。

日本酒は微生物からなる生き物だ
だからこそ原料の質や製法技術も大事だが
酒が留まる環境をおろそかにはできない
汚い部屋では精神が塞ぐように
劣悪な場所だと酒の味が確実に歪む
そんな酒は飲めば体に違和感しか与えない
人間の「気」も酒の味に大きな影響を与える
つくり手同士が不仲だったり
ギスギスしたチームでは微生物も参ってしまい
萎縮したすれっからしのような
酒になってしまう
全ての空気を素直に吸収する生き物が
日本酒なのだ

5

「俺の酒」から兄弟で手がける共生の酒へ

写樂（しゃらく） 宮泉銘醸　◎福島県会津若松市

全国の酒蔵を訪ねていると、日本酒を好きにならなければ縁がなかった土地ばかりだなと気がつく。酒蔵がある地域にたまたま行く機会はあるかもしれない。でも、わざわざそこをめがけて旅はしないし、よほどの強い動機がなければくり返し同じ場所を訪ねたいと足を向けることはない。

福島の会津若松はよい例だ。私はこのエリアにある「寫樂」を年に数回は訪ねて久しいが、その存在がなかったら会津若松に行く機会はほとんどなく、何年も通うことはしなかったと思う。観光スポットはいろいろあるし、こぢんまりした居酒屋やバーなどがたくさんあり酒好きには楽しいエリアだ。地元の人たちの多くは温和で礼儀正しく、私は会津若松で嫌な思いをしたことは一度もない。蔵元の宮森義弘社長の口ぐせ「会津いいべ！」と言う通り、すばらしい土地である。【写真5-1】

とはいえ、くり返すが寫樂との縁がなければ頻繁に通うことはなかった。まず会津若松へ行く交通の便が微妙によくないのが理由だ。東京駅からだと郡山駅までは新幹線ですんなり着くのだが、そこから会津若松駅へ行く在来線の乗り換えがなかなかしびれる。電車の本数が減るから仕方がないとはいえ、新幹線との連携が微妙に取れていない。乗り換えがうまくいくと15分後くらいに磐越西線の会津若松行きに乗ることができるが、発車時刻を調べずに郡山駅に向かうと約1時間も待たされることがあるのだ（郡山駅からは会津若松行きのバスも出ているが、渋滞に巻き込まれる可能性があるので交通手段は電車を選ぶ）。

そんな状態であらかじめ新幹線と在来線の紙切符をまとめて購入した人は、がっくりするかもしれない。郡山駅構内に待合室はあるが、他には立ち食い蕎麦屋や小さい土産物屋がある程度。改札口を出た外側には

5-1

会津若松はすばらしい土地

空いた時間を過ごせる施設が充実していて、書店やマッサージ屋、カフェなどがあるというのに。

現在はＳｕｉｃａに紐づけして新幹線のチケットを買えば問題ないが、私もうっかりまとめて切符を購入した際に乗り換えのタイミングが悪く、改札口を出るに出られなくなったことがある。せっかちなのだと思うが、改札口外のにぎやかな光景を横目に、1時間も待合室でじっと座っているのは辛いものがあった。

一度、駅員に事情を話して切符を預け、改札口の外にあるカフェでお茶をしようと目論んだが、明らかに嫌な顔をされてにべもなかった(当然だ。今はいったん出ても再入場できるシステムがあるのだろうか?)。ちゃんと乗り換え時刻を調べて新幹線に乗ればよかったのに、と行き当たりばったりの自分を悔いた。

しかも郡山駅から会津若松駅までは約1時間。東京駅から新幹線に乗って郡山駅到着までにかかる所要時間とほぼ同じ。私の実家は福島よりさらに北上する盛岡なのに、新幹線に乗り2時間ちょっとで着く贅沢に慣れてしまっているせいもあり、なんとなくモヤっとする。

帰りも同じだ。例えば、正午までに東京に着きたかったら、遅くても8時30分の会津若松駅発・郡山駅行きに乗る必要がある。7時台のさらに早い便もあるが、深夜まで酒を楽しむ旅の帰りに朝が早すぎるというのは辛い。私の場合は8時の便に乗るのが精いっぱいだ。前日の酒でむくんだ顔と重い体を叩いて早起きし、フラフラになりながら急いで会津若松駅に向かうたびにしんどいなと思う。

この便だと乗り換えの待ち時間を含めると東京に着くまで約3時間。帰りは行きより1時間長くかかる。全国にはもっと行きにくい場所があることはわかっているのだが、行き帰りに妙な徒労感があるのだ。

それでも私は何度も寫樂がある会津若松に行く。土地の魅力以上に日本酒の存在はとてつもなく大きい。蔵元および酒蔵の人たちと寫樂を酌み交わしたくて自然と足が向くのだ。

創業1955年の宮泉銘醸は、同地域にある花春酒造から分家した酒蔵。創業者の「宮森」の姓と土地を譲ってくれた「和泉」の姓を合わせて「宮泉」と命名したという。

創業時からの銘柄は「會津宮泉」だが、今や全国で人気の寫樂は4代目の宮森社長が確立した酒。2007年に廃業した東山酒造の銘柄を、宮泉銘醸が引き継いだのだ。ただ引き継ぐのではなく酒質も販路も一新する。廃業したとはいえ旧蔵の方針全てを変えるのはよいとされていなかった頃。宮森社長の決断は、さぞ福島ないしは会津若松の日本酒業界をざわっとさせただろう。すでに登場した猪苗代の七重郎の3章では「蔵を継いだばかりの宮森社長に対する同業者の反応は冷たく（略）」と書いているが、おそらく彼が前例のない方針を貫いたせいではないか。

私がはじめて酒を飲んだのは十数年前。すでに十四代や飛露喜など甘め日本酒のスター銘柄がいくつもあり、冩樂は後発だったが甘の勢いが群を抜いていた。飲めば凝縮した質のいい甘みがたちまち口に広がり、喉まで突進してくる。キレもいい。酒の質（味）はもちろんのこと、私は甘みからのキレ味のテンポの速さに惚れた。こんな酒をつくるのは、きっとモーレツ人間なのではないかと思っていたら、笑ってしまうほど想像をまったく裏切らない。宮森社長は、情熱と希望と苛立ちを抱えて今にも爆発しそうな勢いがある蔵元だった。

私たちは同世代ということもあり、たちまち意気投合。ほどなくして蔵へ行ったのだが、蔵内を見せてもらうと現蔵にある立派な機械はまだ少なく、麹室は昔ながらの麹蓋があり古色蒼然とした雰囲気だった。［写

5-2

麹室は古色蒼然とした雰囲気

真5‐2」

さらに、団体客の蔵見学を毎日のように受け入れていた時代。私が訪ねたときも、洗米や米の蒸し場では蔵のスタッフが拡張器を手に「ここで米を洗います。それからこの大きな甑（こしき）で米を蒸すんですよ。次に行きます～」などと、一般客に説明している光景を目にした。観光酒蔵見学の一環なのだという。そんな外部の一般客が頭や服などをノーガードのまま、蔵内をぞろぞろウロウロしていたのだ。

（当時のメモをもとに記憶を辿ると）唖然とした私は、まさか寫樂づくりのときは蔵見学を受け入れていないよね？　と聞くと、「いや、今やってんのが寫樂の仕込み……」と蔵元は低い声で言う。

私はもっと驚いた。日本酒とりわけ寫樂のような繊細な冷酒タイプの酒づくりは、雑菌汚染に弱いのだ。衛生的にも大丈夫なのか、と問いただせば、「本当はすぐにでも蔵見学はやめたい。これでもまだマシになって、前なんかお客さんの行動は自由で、タンクに勝手にのぼったりする人もいて危なかった。さすがにそれは危険だから自由行動はやめたけど、つくっているときにこの状態はマジできついです。俺だって嫌なんだよ」

団体客の蔵見学を受け入れることはけっこうな利益になっていたからだ。彼が２００２年に蔵へ戻って以降、赤字経営を再建するために帳簿と向き合い、自分がつくりたい酒蔵に立て直すなかで、やめたくてもやめられなかったのが観光酒蔵見学客の受け入れである。

私が行ったときはわずかに昔の写真が展示されているくらいだったが、それより前は酒づくりの古い道具などを展示した歴史資料館も蔵に併設。先代が観光蔵として力を入れていたという。ある年は年間の来場者数が30万人以上。蔵に来た客は必ず酒を購入するからとにかく酒は売れる。背に腹は変えられない。全国ではすでに注目を集めていたが、当時の寫樂はまだ蔵を再建中だったのだ。

それから後の酒蔵再建のスピードは目を見張るものがあり、観光酒蔵見学客に頼らずとも売り上げは順調に伸びた。（同時に蔵見学も廃止）不動の人気銘柄に成長していったのは日本酒ファンならばご存知だろう。

それとともに酒蔵で働く人たちにも変化が見られるように。現在は、蔵を継ぐときに労苦を共にした右腕の山口武久さんのほか、弟の大和専務も社長をがっちり支えている。私がはじめて寫樂を訪ねたときは蔵人も社員も古株が目立っていたが、今は若い人たちが活躍。前々から自分の知人だった東京の飲食店（店長）を経て宮泉に入社した井上ちゃんこと井上明彦さんのように、熱意のある中途採用の移住組もいる。

みなが寫樂（社長）に惚れ込み、酒のために一心に働く。はたから見ていてもチームワークと機動力は抜群だ。それが酒質に反映されないわけがないだろう。寫樂はいつどこで飲んでも安定してちゃんとうまい。特に甘みの質はピカイチだと飲むたびに思う。というわけで今回はさらに甘みの秘密に迫りたい。

2023年11月の下旬。本書の執筆にかこつけて私はまた冩樂へ向かった。今回は宮森社長にもインタビューしたいと事前にお願いしている。【写真5-3】近頃は酒蔵に行っても、案内してくれるのは大和専務か山口さんで宮森社長は居酒屋で合流、というパターンがほとんど。両腕の2人に任せきりで姿さえ見せないこともある。酒を飲みながら雑談するのも楽しいのだが、ひさびさに襟を正してシラフで話を聞きたくなる。お願いしたのはそのためだ。

蔵の事務所に入り、スタッフに声をかけると2階の応接間に通される。あたたかい茶で一服していると、コンコンと扉を叩く音がし、大和専務が入ってきた。挨拶するとすぐに、「社長の話も聞く感じですか?」と聞いてきた。

5-3

冩樂のうまさをさぐりに来た

もちろん聞くつもりで社長に直接お願いしていたはず、と返すと「マジですか」という顔で苦笑いされる。朝から夜までフル回転で働く宮森社長は常に多忙のため、きっとやることに追われているのだろう。今まで約束をすっぽかされたことはないが、予定時刻を大幅に遅れて登場することは多々あった。私はいつものことだと動じない。

ひとまず、大和専務に話を聞こう。寫樂の味をつくるためには、酒づくりにおいてどこが大事なのかを質問する。

「この酒のポイントは甘みと酸味とコクのバランスですかね」と言う。

すかさず私は「甘み」に焦点を当て、その甘みはどのようにしてできるのかを聞く。

「いちばんは麹づくりだと思います」と大和専務が口を開いた瞬間、扉が開きふらりと宮森社長が入ってきた。予想外の早い登場に少し驚いた私は、先ほどと同じように甘の秘密が知りたいと言った。すると、「じゃ聞きましょう」と腕組みをした。え?と首をかしげていると、「専務はなんて言うのかなと思って。そういう説明をするのは大事なんですよ」と笑う。

急に応接間の空気が硬くなった。大和専務が話しはじめる。

「うちは白夜という糖化力が強い麹菌を使っているので、それが甘さをつくるんです。他の蔵がどの程度の甘さかわからないので比べようがなく基準がわからないのですが、麹の力価を300くらいまで持っていくんですよ。グルコース濃度が高い麹ができます」

グルコースとは、日本酒に甘みを与える単糖類だ。ならばわかりやすい。麹の性格は酒の味に影響を与えるのだから、寫樂の甘みは白夜という麹菌がもたらしたものだと言われれば納得がいく。

ところが宮森社長が低い声で突っ込む。

「それは糖化力が強いってだけの話で甘に関わるものではないと俺は思う」

しばし沈黙。が、大和専務が別の角度から話をする。

「そうですね、その麹を入れたもろみを1カ月くらいかけて発酵させてつくるのですが、酵母を活性しすぎないよう温度管理します。それを怠ると、甘辛でいう日本酒度が目標以上に上がりすぎて辛くなってしまう。アルコール度数を上げていく工程も重要ですが、上げ方も重要で16度前後を目指して発酵させます」

要するに甘にどう関係するのか理解が追いつかない私は、最初の質問に対する大和専務の答えに戻ってこう聞く。グルコース濃度の高い麹を使ったもろみをつくれば甘が多めの酒になることなのか？

ここで、私の質問をさえぎるように宮森社長が大和専務に反論する。

「だから違うんだよ。白夜を使うのはただ単に甘くするために使うんじゃないでしょ」

大和専務が口ごもるなか彼は続ける。

「確かに白夜を使うとグルコースは出やすいけど、そこだけが目的ではない。白夜を使った麹のせいで甘くなるという単純な話ではないと俺は思うんだよね」

ではなぜ白夜を使うのか？

「ペプチドやアミノ酸など旨み成分をつくる高級アルコールをバランスよく出すためです。白夜を使う麹はそれが出やすい。そう言うと甘と同じく旨みがある酒ができるって思われがちだけど、俺からすれば麹の話は関係ない。極端な話、別に白夜を使わなくても甘い酒はできます。だから酒を甘くするために白夜を使うのではない。麹の質が酒質に影響を与えるのは確かなんだけど、自分にとって麹とは酵母を添加したもろみの数値（発酵具合）を目指すところに持っていくための原料です」

あくまでも、麹は原料をアルコール化させるためのものだと、宮森社長は念を押す。では寫樂の甘みはどこから来るのだろう。

「酒はいろんなファクター工程が重なってできるものだから、ひとつだけにポイントをしぼることはできないのね。しいて言うならば上槽のタイミングかな。搾る前のもろみをどのような形にするのかで味が変わります。長く引っ張れば辛くなるし、早めに上槽すれば甘めだけど重くなるよね、というように。最終的にはそれをベロ（舌）で決めます」

宮森社長の言葉を聞いて私は反省する。酒の味を解明したいと思うあまりにわかりやすい回答を求めてしまったが、日本酒の成り立ちは特徴をひと言で説明できる構成では本来ないのだ。酒質（蔵）によっては「ここ」とまとをしぼって説明できる場合もあるが、その周辺には複雑な工程と細やかな仕事の積み重ねがあることを忘れてはいけない。宮森社長が続ける。

「一つ一つの工程の話をしてもらうのはいいけど、短略的にとらえてはだめです。酒は、麹菌や酵母も含めた原料の選定やつくり方だけではなく環境によっても変わるから、全てのトータルを考えて設計し最終的に目標の味にたどり着くものです」

深く納得。しかし、少しでも寫樂の甘の秘密を知りたい私はしつこく問う。先ほど宮森社長が教えてくれた、甘辛を形成するもろみをどうつくるのか聞いてみた。大和専務が話を引き継ぐ。

「まず仕込蔵は7度に設定。低めですね。それからもろみをつくるタンクに酵母を培養した酒母（酛）を入れますが（3段仕込みの最初の段階）、そのときのスタートの品温は23度くらいなので、11度〜12度まで品温を落とします。そこから酛下げしたら……」

少しの無言。宮森社長の声が飛ぶ。

「曖昧な答えはだめ！　違うよ！（品温経過の資料）持ってきて話してよ」

大和専務が慌てて席を立つ。動揺した私は細かい質問をしたことを詫びると、「いやいや、これも事業継承だから。酒づくりはその都度なんでこうなるのか自分たちで考えながらしないと理解を深めることはできない。蔵で働く全員に言えることだけど、俺が考えた酒づくりをただ言われた通りにやるだけになったら脳みその思考が停止するってことだから、すごく危ういです」。

大和専務が戻り資料を手に話を再開。宮森社長は席を移動して隣に座る。[写真5－4]

「最初は23度ある酒母を10度まで品温を落とします。その酒母をもろみタンクに入れたあとは、さらに品温を落とし続けて留めのとき（三段仕込みの最終段階）は6～7度まで。またさらに13度まで品温を上げます」

すぐ宮森社長が質問する。

「（13度までは）何日かけて？」

大和専務が答える。

「えっと10日ですね」

再び宮森社長。

5-4

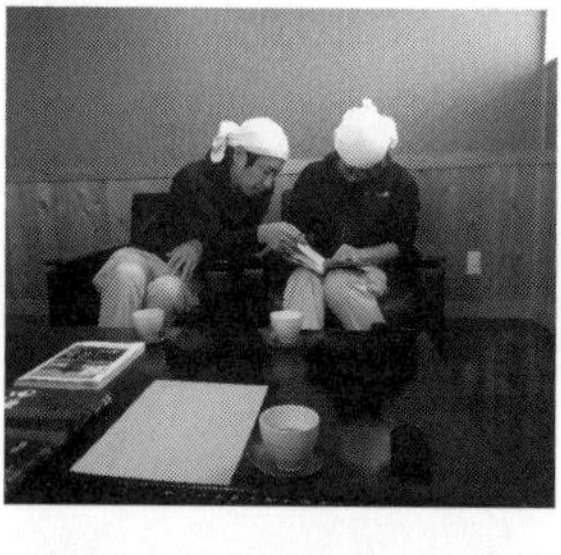

宮森社長（左）と大和専務（右）の熱血レクチャー

「で、そこから何日かけて最終的に何度まで品温を落とすの?」

大和専務が静かに答える。

「ええと20日間くらいかけて6~7度まで品温を落とします」

安堵したような低い笑い声が宮森社長からこぼれる。

「は~い(OKという意味)。もう頼むよ専務(笑)」

部屋の空気がゆるんだタイミングで自分の考え整理するため改めて聞く。品温の上下は蔵によって違い、その判断によって味が決まるのだろうか。宮森社長が言う。

「そうそう。うちは低めだけど別に20度とか高めに品温を上げてもいい。品温を高く上げると早く発酵するからアルコール化も早くなります。そのかわり荒い酒になるけど、蔵の考えはそれぞれなので答えはないです」

そして終盤の工程こそ宮森社長は特に大切にしている。拙著『いつも、日本酒のことばかり。』で詳しく紹介したが、上槽後に行っている迅速な仕事も寫樂の甘みを一層、質の高いものにしていると言っていい。ここを早急に行うのかそうじゃないのかで酒の鮮度が変わり、酒の持ちがまったく違う。酒の質が決まるのだ。

大和専務が教えてくれる。

「搾って1日くらい置きます。つまり、搾って次の日くらいに火入れして瓶詰め、すぐに冷蔵庫です」

また宮森社長の細かい指摘が入る。

「なんで、（火入れは）次の日だよね。くらいってなに？　次の日くらいじゃないでしょ。細かすぎるけど、こういうところも曖昧にしちゃだめです」

大和専務の名誉のために補足するが、日頃の彼は決して仕事を怠っているわけではないし、酒づくりにかける想いは誰よりも熱い。そして、同業他社の蔵元たちも陰で認めている通り、宮森社長への公私にわたってのサポートぶりは目を見張るものがある。前に蔵を見せてもらったとき「社長がつくりたい酒を実現するためにいかに清潔で効率のいい環境を整えるのか。自分はそこに神経を注ぎたい」と言っていた。真摯な仕事ぶりは明らかである。**［写真5－5／5－6］**

宮森社長はそれをわかっているはずだが、なお手を緩めないということは、大和専務の今後に期待しているからだろう。事業を継承するのはかくも厳しい試練なのだ。はじめて目の前にした社長と専務の厳しいやり取りである。

5-5　5-6

蔵を案内してくれた大和専務

夜になった。今回の宴席は私のリクエストで「呑み食い処 もっきり」へ行くことになっている。［写真5－7］最初に訪れたのは約8年前。全てにおいて好きな店だ。たまたま女将が私の初作『蔵を継ぐ』を熱烈に応援してくださっていたうれしい縁もあって、会津若松に来ると隙あれば行きたいと願う店である。

暖簾をくぐるとおでんのあったかい匂いがする。その匂いを精いっぱい嗅いでいると、「いらっしゃいませ」と粋な着物姿の女将が厨房から出てきて笑顔で言う。

席に座りさっそく品書きを眺める。この扇子に書かれた品書きはいつ見ても素敵。なにを頼んだらいいか迷うが、この時間がたまらなくうれしい。［写真5－8］

しばらくして宮森社長と大和専務が揃う。さっそくビールで乾杯。喉を潤していると、先ほど悩んだ挙句に注文した鯵のなめろうやワカサギ

5-7

「呑み食い処 もっきり」へ

5-8

扇子に書かれた品書き、いい店だ

の天ぷらが運ばれてきた。そのタイミングで山田錦を使った寫樂の純米吟醸をいただく。［写真5－9］

うまい。なめらかな甘みとシャキッと端正な後味がいい。長らく飲み慣れている愛着のうまさだ。そういえば東京で飲むより味が冴えている。東京で飲んだってうまいのだが、なんとなく鮮度が違うのだ。上槽後の迅速丁寧な仕事の成果だが、それをより実感するには地元で飲んだほうがわかる気がする。

いかのもろみ炒めが運ばれてきた。なんとそそる見た目。汁物好きが心躍るつゆだくである。［写真5－10］「この汁でバターライスもできますよ」と女将に言われたので迷わずお願いする。いかの出汁ともろみ醤油、バターの風味がたまらない。酒の甘みと合う。どうしようもなく寫樂が進む。

なんの食べ物かわからず注文した「ゆびぬき」も登場。これは希少な馬の大動脈を炒めたもので、コリッとした食感がクセになる。［写真5－11］ずっと噛み続けながら酒を口に流し込めそうだ。出汁がしみたやさしい味つけのおでんもおいしく心がじわっとした。［写真5－12］

5-9

鰺のなめろうとワカサギの天ぷら

5-10

いかのもろみ炒め、心躍るつゆだく

そろそろ酒の河岸を変えよう。なんとなく創業時からの銘柄「會津宮泉」の吟醸を注文する。ところが適当に選んだこの酒を飲み私は鳥肌が立つ。驚くほど五味のバランスがよい透明な美しい味である。鋭いキレ味も見事だ。ものすごく感動し隣に座っていた大和専務を見ると、なんと彼は無表情で固まっている。どこか味に問題があったのだろうか、と不安になっていたらつぶやいた。

「いや、マジでうまい…うまい……」［写真5－13］

今度は私が固まった。自分たちがつくる酒を真面目に褒める姿に打たれたのだ。実は現在、會津宮泉ブランドを一手に任されている大和専務。酵母無添加の生酛（きもと）や貴醸酒、寫樂では使用しない酒米を使うなど、さまざまな製法や原料にチャレンジしている。酒質に厳しい宮森社長を納得させる仕上がりの酒をつくるには、先ほどのインタビューからも垣間見えるように、簡単ではないだろう。それを知っているだけに思わず胸がいっぱいになってしまった。

宮森社長が言葉をつなぐ。

「みんなと飲んでいるときに、まず自分たちがうまいと言える酒がいい

5-11

希少な馬の大動脈を炒めた「ゆびぬき」

5-12

やさしい味つけのおでん

よね。俺はそういう酒をつくってきたし、うちの酒は絶対うまいと当たり前に思えなきゃだめでしょう」

大和専務が固まったまま酒をまたすすり言った。

「やっぱりうちの酒はおいしい。めちゃくちゃおいしいです」

蔵元と行った酒場

・呑み食い処 もっきり 福島県会津若松市馬場町4-45

地元の常連さんが集うカウンターのみのこぢんまりした店。会津ならではのつまみやおでんと日本酒をぜひ。一見客にもやさしく確実に根が生える。予約は必須。

蔵元おすすめの立ち寄り処

・さぶろく亭 福島県会津若松市上町1-27

5-13

つくり手も「いや、マジでうまい…」

福島の日本酒と旬の素材を使ったつまみや焼き鳥がおいしい、地元の人たちに愛される居酒屋。筆者も好きな店。こちらも予約が望ましい。

・會津酒楽館 渡辺宗太商店 福島県会津若松市白虎町３５０

福島を代表する人気の地酒屋の会長・渡辺宗喜さんが手打ちする蕎麦が絶品。ランチのみの提供だが蕎麦好きな宮森兄弟も推す。筆者は天ぷら蕎麦がおすすめ。昼酒できる人はぜひ宮泉銘醸や福島の日本酒とともにいただきたい。ただ数量限定なので来店の際は事前に確認を。

寝かせてつくる癒しの酒

群馬泉[ぐんまいずみ]　島岡酒造　◎群馬県太田市

日本酒を飲みはじめて3年以上は経っていただろうか。行きつけの寿司屋でボールペンをにぎりしめながら酒瓶のラベルをじっと見ているときだった。店主がとつぜん、「いくら好きでも勉強しすぎるとかえって日本酒が嫌いになるよ」と静かな声で言った。私は行き詰まっている顔をしていたのだろう。確かにそうだった。1日も早く日本酒に詳しくならなければならないと必死で、いつの間にか飲んだ銘柄のスペックをメモしなければ気が済まなくなっていた。日本酒のことをもっと理解するために、味もデータも全部を記憶しようと真剣に思っていたのである。

ところが、データを記憶しようとすればするほど日本酒がわからなくなった。わからないのがおもしろかったのに苦しくなっていた。そうなると、もっとがんばって日本酒を覚えなくてはならないと焦りがつのる悪循環。今の自分ならわかる。日本酒とは天井もなければ底もないほど深く、たった数年で理解できるものではない。今だって全てを理解しようなんておこがましいほど複雑で神秘だ。それこそが本来の魅力なのに、当時は楽しむどころか無知なことを自分のがんばりが足りないせいだと落ち込んでいた。若気のバカ真面目である。

そんな時期。立派なホテルの一室で行われていた数百人規模の日本酒会に参加する。全国からさまざまな酒蔵が集ってブースをつくり、参加者は会場を自由に歩いて好きな日本酒を飲み続けるというイベントだった。私もあっちこっちを歩いて気になる酒蔵の酒を飲み、寿司屋の店主の言葉がずっと引っかかりつつも、また銘柄とスペックをしかめっ面をしながらメモしていたとき。なにやらぷんと匂った。香ばしいような甘いような匂い。気になった私が首を左右に振ると、人だかりができているブースが見えた。吸い寄せられるようにそのブースに近づいた瞬間、目が点になる。

大鍋に一升瓶が3本。気持ちよさそうに湯に浸かっている。一升瓶ごと燗をしていたのだ。酒は「群馬泉」である。【写真6−1】何度か飲んだことがある銘柄だったが、こんなふうに温めた群馬泉は見たことがない。

私が金縛りにあったように固まっていると、副社長だという人がにこにこしながら「よかったら飲みませんか?」と手招きする。は、はい……とつられて猪口を差し出すと、副社長は勢いよく一升瓶からドボドボと酒を注いでくれた。

おっと、猪口から酒がこぼれそうになり慌てて口から酒を迎えに行く。なにこれうまい。わけがわからぬ間に酒は喉を通りホッとため息をつかせた。

あれ、と思う。酒は相変わらず濃くてがっしりしていたが雰囲気が違う。一合徳利でつける燗酒よりもゆったりした味がする。それは日本酒という以前に温かくておいしい飲みものだと感じた。ごくりごくりと飲めておかわりが終わらない。足は群馬泉のブースで完全に止まってしまった。

どれほど時間が経っただろうか。ひたすら酒を飲み続けているうちに、私のなかでなにかが解放されて心が自由になっていくのがわかった。酒のスペックは目に入らなくなり、代わりに群馬泉から感じた枯葉や番茶

6-1

などのカラーが頭に浮かぶ。そのイメージをふくらませていると、わくわくして胸が高鳴る。私は日本酒を楽しむ心を取り戻していた。そして気がつく。大事なのは覚えることではなく感じることなのだと。メモはやめた。

それから前にも増して群馬泉を飲むようになったのだが、この酒はとても男くさいと思うようになった。濃くてがっしりした酒の味だけが理由ではない。私のような女性愛好者もいるが、熱烈一途に群馬泉を好きな男性ファンが目立つのだ。彼らが群馬泉を語るとき、目の色が変わって愛しいものを見るような眼差しになり、明らかに憧憬がにじみ出る。男が惚れる男酒なのだろう。

なぜこうも男性が惹かれるのか。あれこれ考えてみたのだが、酒が変わらないということがポイントだと思う。全ての愛好家に当てはまるわけではないが、群馬泉を支持する男性はいたずらな酒の変化に敏感で厳しい。ふだんの顔はわからないが日本酒に対しては一本気なのである。

群馬泉は私が飲みはじめた頃に比べると酒質がやや軽くなったが、現蔵元で杜氏の島岡利宣さんの代になっても印象は全く変わっていない。酒のラインナップも潔くシンプルだ。本醸造や純米酒などがあるが酒ごとに熟成酒をいくつか混ぜたブレンド酒が定番で、季節商品は新酒の初しぼりくらい。ラベルも昔ながらのものを使い、新商品的な企画ものやデザイン系の酒は一切ない。

長年の愛好者に聞くと少なくとも蔵元3世代は続いている味だろう。これは今どき珍しい。意外に思われるかもしれないが、日本酒蔵の老舗は多いが酒の味を長く継承しているところは少ないのだ。

原料の米が不足し、従来通りの日本酒をつくれなくなった戦中戦後が酒質を継承できないひとつの分岐点になるが、今でも代替わりすると酒を刷新する酒蔵は少なくない。

単純に新しい蔵元が先代と違う好きな酒をつくる場合もあるが、酒が売れなくて経営が傾いたまま蔵を継いだ後継者が味を変えるしかないことも。製造量を増やしたために図らずも酒が変わってしまった酒蔵もある。昨今増え続けているM&Aで蔵の資本が変われば酒を新しくするのは必然だ。群馬泉のように同じ酒質を3世代続けるのは簡単ではない。今日まで蔵の味を変えずに来られたのはなぜだろう。

雲がない清々しい秋晴れの10月だった。私は群馬泉に行くために北千住から東武鉄道伊勢崎線「りょうもう」に乗る。この蔵に行くのは五度目くらいだが、りょうもう車両はのんびりした雰囲気が好きだ。鉄道会社としてはよろしくないと思うが、特に平日は人がまばらなのもありがたい。この日も乗客は少ない。まだ午前中だったが発車してすぐにどこかでプシュッと缶ビールを開ける音が聞こえた。取材前の自分はまだ飲めないからうらやましい。でも、車内で聞こえてくるビールを開ける音はこちらの気持ちまで上げてくれる。群馬泉を飲める夜が待ち遠しい。

1時間ちょっとで最寄りの太田駅に到着。車で迎えに来てくれた島岡さんと合流した。いつもはまっすぐ蔵に向かうのだが「たまには地元を案内しますよ」と島岡さん。車を走らせながら、太田は鎌倉時代の名将・新田義貞の生地であることや、数多くの遺跡や遺物が残っている話、車のスバル発祥の地で現在は本工場があり通称「スバル町」と呼ばれてい

6-2

車のスバル発祥の地、通称「スバル町」

ることなどを教えてくれる。［写真6－2］

「ここは自動車産業など工業製品の生産地としては北関東第1位です。かつて繁栄を極めた国内最大の軍用機（航空機）メーカーの中島飛行機があった場所でもあるので、昔から町工場で働く職人が多い土地です。他の地域に比べるとサラリーマンは少ないかも。なので体を使う労働者が多い土地柄、酒の消費というか飲みかたも昔はえげつなかったと思いますよ」と笑う。

太田は寺院が点在しているのも特徴だ。［写真6－3］そのなかのひとつ、島岡家が代々親しんでいるという呑龍（どんりゅう）様大光院に立ち寄る。つい「呑」の字に反応してしまうが酒は関係ない。この名前は、昔々貧しい子供たちを保護し「子育て呑龍」の名で尊敬された、大光院の建設者で住職の呑龍上人という人から取ったそうだ。島岡家のように地元の人たちはお宮参りや七五三など子供の行事になると呑龍様をよく訪れるという。［写真6－4］

史跡として知られる新田金山城跡（標高239メートル）にも登る。［写真6－5］「うちの奥さんと独身時代よく来たなぁ」としみじみ言う現在4

6-3

太田は寺院が点在している

6-4

呑龍様大光院へ、酒とは関係ない

人の子持ちである島岡さんの背中を追って頂上まで登ると、東京湾まで広がる関東平野が一望できた。［写真6－6］群馬は冬になると冷たく乾いた強風「からっ風」が吹くが、理由がうなずけるほどさえぎるものがなにもない平野だ。冬はこのからっ風のせいで湿気が少なく乾燥が激しい。湿気が連れてくるカビや雑菌が大敵の日本酒づくりに適した土地だと言えるだろう。

中島飛行機の創設者（中島知久平）が両親のために建てたという、国指定の重要文化財・旧中島邸も見学した。［写真6－7］素人目にもわかるセンスがいい素敵な昭和初期の建物で、和を主軸に西洋の文化も取り入れた邸宅である。建物の資材だけではなく細々した調度品もいちいちよくて、職人仕事が好きな人が選ぶようなつくり込んだものばかりだった。この邸宅しかり遺跡や史跡が色濃く残る太田は、昔からものづくりに理解ある人が多い土地柄なのだろうか。

「全体的なことはわかりませんが、自分のじいさんはそうでした。例えば人間国宝の刀匠のいわゆるパトロンみたいなことをしていましたから。職人仕事に対する敬意はありましたね。おそらくその気質は父親や

6-5

史跡として知られる新田金山城跡

6-6

登ると、関東平野が一望できる

私にも受け継がれています」
そういえば島岡さんも器や家具など、職人が手づくりした古い道具類の愛好者だということは知っていた。酒蔵の売店や製造場を見れば察するだろう。実はこの後にわかるのだが、職人仕事を重んじる島岡家の気質こそが今の群馬泉をつくったひとつの核だった。

蔵に着いた。入り口をガラガラ開け、右手側にあるちゃぶ台が置かれた畳に腰をおろす。【写真6-8】ここはいつ来ても落ち着く佇まい。実家にいるようにくつろいでしまう。茶を出してもらい少し休憩。今回は、滅多に表に出ない先代の島岡父にも話を聞きたいとお願いしている。私は念願の初対面だ。

その前に歴史をふり返ろう。島岡酒造の創業は文久3年（1863）で現蔵元が6代目。創業時から主に蔵つきの乳酸菌を用いる古典的な山廃（やまはい）酛で日本酒をつくってきた。ところが山廃づくりの危機が2006年に

6-7 重要文化財・旧中島邸も見学

6-8 取材はちゃぶ台が置かれた部屋で

訪れる。蔵が火事で全焼。蔵つきの乳酸菌が消滅してしまった。群馬泉の味はこの乳酸菌がなければ成り立たない。

6代目は深く悩む。折しも親戚筋はそろそろ蔵を閉めてもいいのではないか、という空気になりかけていた頃。反対に同業者や酒販店からは蔵を続けてほしいと懇願されていたが、「今までの群馬泉を捨ててまで酒をつくる理由が見つからず一時は廃業も考えた」という。そんなとき、かつてとある研究者が島岡酒造の乳酸菌を他にはない貴重なものとして、たまたま群馬県の産業技術センターに保存していたことが判明した。よって(完全に乳酸菌が復活するまでは3年かかったというが)見事に群馬泉はよみがえる。群馬泉の味は奇跡的に守られたのだった。

しばらくして島岡父が登場。挨拶をした流れで群馬泉の味について聞き出そうとするが、ジャブのような雑談でなかなか本題に入ることができず気をもむ私。「うちの親父は初対面が超苦手です」と島岡息子(6代目)から聞いていたので予想はしていたが、照れ隠しだったのかもしれない。ちょうど前日は、野球のクライマックスシリーズで長年ファンだという千葉ロッテマリーンズが劇的に勝利をおさめたタイミング。まず野球の話でもちきりになった。

さて、どうやって酒づくりの話題に切り替えようと頭をぐるぐる巡らせていたら、「野球はラジオでよく聴きますよ。20年前は夏場に濾過作業しながら聴いていたこともありましたねぇ」と言う。今だ!と反応した私は間髪入れずにどんなふうに酒を濾過していたのですか、と聞く。これを皮切りに、ようやく会話が少しずつ日本酒へ流れていく。

「今は息子に任せてますけどね、うちの濾過は昔型の手間がかかる方法なんですよ。簡単に言うと綿(木綿)を整形したものを使います。濾過のたびにそれを洗ってきれいに型をつくりまた使うのくり返し。大変だけどこれがいちばんいい。もっと便利なものはあるけど試してみたらなーんか気に入らねえんだ。メーカーは新しい(濾過の)機械を売りたくて仕方がないからいいってすすめるけど絶対に使わない」と島岡父は言う。

日本酒づくりは効率化の過渡期だったのだろう。便利への過剰な誘惑はさぞ多かったに違いない。「山廃もその口でね」と続ける。

「今どき山廃なんて手間がかかる古い酒づくりなんかやったってしょうがないって、よく国税局の人たちが蔵に来て言うんですよ。でもね私も一応、農大(東京農業大学)で発酵学の勉強してきた人間です。だから、うちはほんの少ししかつくってませんでしたが、蔵に戻ってきて焼酎やブドウ糖入れた三増酒（米不足の時代に国が奨励した添加物入りの酒）つくってるのなんか特にこれでいいのかって思いました」

島岡父の父にあたる先々代も同意見だったようで、島岡酒造では国内で先駆けて三増酒をやめた。昭和40年代の第一次オイルショックの時代である。

「灘の白鷹さんも同時期だったみたいですが、おそらく日本で最初にやめたのはうちかもしれない。親父とね自分たちも飲むのにこんな酒つくっていてもしょうがないと話して、なにかのタイミングにこの際だからやめようと決めました。ただ、そうすればコストが上がるでしょう。けど値段は上げられないからなかなか大変でした。親父は他の所得があったから給料なしにして、自分の給料も少ない状態でなんとかしのぎましたね」

ここで6代目が、「うちは代々酒造業で儲ける気はそんなにないよね。ぼちぼち稼げればいいくらいな程度です。それより自分たちがうまいと思う酒をつくるほうが重要です」と笑う。

父の言葉が続く。

「お金も必要だけど自分が納得する酒をつくりたい想いは強いです。息子もそうですが自分が飲む酒を好きじゃないと嫌ですよ」

代々の島岡家の蔵元は、山廃酛でつくる群馬泉の味を誰よりも好きなのだ。

「私のおじいちゃんもそのまたおじいちゃんも、群馬泉を好きで90歳まで飲んでいました。女房のおじいちゃん（90歳）なんて最後はなにも食べられなくなったけど、向こう（島岡酒造）がつくった酒は問題ないって一日一升飲んでいたんですよ。いやほんとうに。しかも薄めていないですよ。酒を温めてポットに入れておくでしょ、すると朝・昼・夕方・夜・夜中とわけて飲むから一升がカラになっちゃうの。で、そんな祖父が亡くなったと知らせがあって飛んで行って枕元を見たら、顔がピンク色なんですよ。おばあさんに聞いたら、さっきまで群馬泉のお燗飲んでうまいなって言って死んだそうで。死水ならぬ死に酒ですよ。俺のときもそうなりたいって思った。だからね、余計に悪い酒つくるわけにはいかないんですよ」

さらに、自分たちが納得する群馬泉をつくり続けられたのは、先々代が交流していた名だたる匠刀や日本画家など、著名な芸術家の存在も重要だった。

「そういう芸術家たちの影響は大きいです。神経込めて作品をつくっている人が身近だったから、お酒も芸術だって感覚が自分たちにはありました。例えば刀工の宮入さん（人間国宝の宮入行平）なんかね、ものすごい腕を持っていたんだけど戦後はＧＨＱが武器になる刀を打つのを禁止したから、日用品の包丁や鉈をつくって苦労していたんですね。でも諦めずにいい作品を残した。だからお酒もごまかしてつくっちゃだめだよな。すごく大げさですよ、大げさなんだけど、酒も負けずに芸術品だと思ってつくらきゃという意識は強かったですね」

そう語る島岡父の言葉にうなずいていたら、「話が長くなるのでもうぼちぼち……」と6代目が会話を締める。

が、滅多にないこのタイミング。最後に親子の記念写真を撮ろうとしたら、「恥ずかしいな～私ねこういうの大っ嫌いなの。こんな写真撮ったことないよ！」と笑う父の言葉に「俺もいいってば」と返す恥ずかしそうな息子。すったもんだの末に2人をなんとか写真におさめた。［写真6-9］

笑顔の5代目に見送られながら蔵を後にした我々は高崎へ。［写真6-10］たどり着いたのは、島岡さんが行きつけの居酒屋「ロツレ」である。こちらは前々から彼が絶対に私好みだとプッシュしていた酒場。シックな外観からしてたまらないと思っていたら、店主が外に出てきた。どう

6-9

5代目6代目のツーショット、照れてる

6-10

笑顔の5代目に見送られながら蔵を後に

やら店を開けたばかりらしい。［写真6－11］

店内に入りコの字型のカウンターに座る。すると続々と客がやってきてあっという間にほぼ満席に。みなさん常連のようだ。聞けば店主は高崎では有名な和食の料理人で、以前は何人も板前を抱えながら大箱の店をやっていた。ここは無理なく腕をふるう最後の砦らしい。

「たいしたことない店ですよ」と店主は言うが佇まいはただ者ではない。年季の入った料理人そのもので、やわらかい物腰だがピシリとした空気を漂わせている。無駄な動きもなく見ているだけでほれぼれしてしまう。［写真6－12］

また品書きがすばらしい。文字からしてうまそうだ。［写真6－13］どれを選んだらいいか悩んでいたら「アスパラ（豆乳よせ）あるけど食べる？」と店主。迷わず、はい！と答える。

まずは群馬泉の定番である本醸造で乾杯だ。ロツレでは料理に手一杯な店主を気遣い、島岡さんが燗ではなく「常温でいいよね」と言いながら、薄ガラスの素敵な徳利からグラスに酒を注ぐ。飲み慣れた好きな味につい ニンマリ。こっくりした旨みや蜜のようなニュアンスがあり余韻

6-11 おすすめの居酒屋「ロツレ」へ

6-12 店主の無駄のない動きにほれぼれ

が長い。いつもは熱燗だが常温のほうが繊細に味がわかってこれもおいしい。

アスパラ豆乳よせが運ばれてきた。【写真6－14】口に含んでそのおいしさに思わず黙る。アスパラの濃い味と香りがふわっと口に広がる。よほど丁寧に裏ごししたのだろう。なめらかな口どけにもうっとりする。コクのある本醸造がするする進む。しばし目を閉じてそのうまさを噛み締めていたら、「香箱ガニあるけど食べる？」と店主が客に呼びかける。これは品書きにない。瞬く間に客の「食べたい！」の連呼が続き、我々も食い意地をはり負けずにお願いした。

次は超特選純米をいただく。この酒も群馬泉の定番。本醸造と同じく山廃酛で酒をつくり、寝かせた酒を複数ブレンドするのが特徴だ。本醸造よりも旨みのスケールが広いしっかりした味。上品な酸味や苦みの複雑さもいい。グラスで飲むのもアリですね、と伝えると、「みんな燗にしちゃうけど超特選はグラスで飲むのもうまいんだよね」と答えた。新たな発見である。

待ち焦がれた香箱ガニが目の前に置かれた。カニの内子（卵巣）も外

6-13
品書きは、文字からしてうまそう

6-14
まずは、アスパラ豆乳よせ

子（成熟した卵）もたっぷりで、これぞ日本酒つまみといった見た目にうれしい悲鳴を上げてしまう。［写真6－15］超特選の深みで口がもっと幸せになった。顔をゆるませていると島岡さんが言う。

「流行るような酒じゃないけど、やっぱり僕はこの味に執着心がありますね」

一度は流行りの酒を意識したこともあったが、実家の蔵の味からはどうしても離れられなかったという。

「酒づくりを広島の酒類総研（酒類総合研究所）で学んでいる時代は、十四代が流行っている時期で飲んだらうまいしすげえなってびっくりしましたよ。そういう冷酒で甘い酒もつくってみたいと思ったときもありました。でも最終的には、群馬泉を飲んでこれはこれでうまいし、家の酒を磨いていったほうが性に合うというか自分が納得するんだろうなと。ガキの頃からうまいって飲んでいた影響は大きいですね」

続いて熱々のねぎま串がやってきた。［写真6－16］マグロの脂が口で溶ける。たまらんおいしさだ。が、これを食べたらいよいよ燗酒が飲みたくなってきた。すると、島岡さんが「まだこれで終わりません。次は熱

6-15 
待望の香箱がに

6-16

続いて熱々のねぎま串

燗を飲みに行きましょう」とうれしい提案をする。残った酒と料理をおいしく平らげて我々は席を立った。

目指す2軒目はロツレの近所にあった。いつも島岡さんが締めに立ち寄るという「炭火焼肉 ほるもん ステーキ中田悠二」である。

さっそく燗酒をオーダー。超特選を熱々につけてもらうが、うまいっ、が腹の底から出た。この深みと余韻が最高。まず出てきた焼きたての肉の脂が気持ちよく溶けていく。【写真6－17】それからぷっくりとした黄身が乗ったユッケも登場。うますぎる。【写真6－18】酒は倍速で進み脱力しすぎてずるずるに酔ってしまいそうだ。島岡さんも燗酒を飲んでホームに帰ったような朗らかな顔をしている。

「じいさんも親父も自分も日本酒に求めているのが「ホッ」なんですよね。疲れた体を癒してくれる酒をつくりたい。だからそういう酒をつくるには酒を寝かせることが必要で。その酒を追求したら山廃にたどり着

6-17

二軒目に移動、肉がうまい

6-18

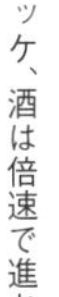
続いてユッケ、酒は倍速で進む

きました。うちの仕込み水は硬度も高いしもともと熟成には向いています。つくりたい酒と土地柄が合っている。だからトレンドは無視してここに特化しようと、島岡家は代々決めて今があります」

昨今は以前にも増して流行り廃りのスピードが早く、いかに売れるかの取り組みが目立つ日本酒の世界だが、群馬泉は全く違うレールを地道に走っている気がした。

「酒でマネーゲームしたい人はすればいいし、売れる酒をつくるのも間違いじゃないからいろいろ蔵のスタイルはあっていいと思う。でもなんだろなー。自分が大事にしたいのはどう生きるかってことだから、流行を追っかけたり儲けだけに走るのは興味ないんですよね。結局、会社って潰れなければいいと居直っているところもあって。100メートル走みたいに早く走れなくて遅くても、マラソンでずっと走り続けられるんだったらそれもアリじゃないですか」

手酌で群馬泉を注いだ猪口をにぎりしめながら彼は続けて言う。

「親父の真似みたいだけど、できることならば死ぬまで自分のところの酒を飲みたい。だからできたら次を継ぐ奴は誰でもいいんだけど、酒の味を変えてほしくないんだよね」

少しの間があった後、島岡さんは照れくさそうに「一飲み手としてのお願いです」と笑った。

蔵元と行った酒場

・**ロツレ**　群馬県高崎市通町129

高崎の料理界の有名人・佐山五郎さんの店。さりげなく手間をかけた季節料理が絶品。酒の種類は少ないが持ち込み可。群馬泉もぜひ持参したい。予約は必須。

・**炭火焼肉 ほるもん ステーキ中田悠一**　群馬県高崎市通町130

店主が厳選した和牛をあますところなく楽しめる。肉は一枚から備長炭で焼いてくれるのが驚きの店。肉に合う群馬泉の燗酒は必ず飲みたい。

蔵元おすすめの立ち寄り処

・**張海**　群馬県太田市下小林町627−6

地元の人が通う隠れ家的な居酒屋。筆者も何度か通った好きな店だ。旬の刺身や炭火で焼く焼き魚、野菜を使った料理など季節のつまみがうまい。

7

東京の山奥で醸すたっぷりの旨み

喜正（きしょう）　野崎酒造　◎東京都あきる野市

東京は大都会のイメージが強い。地酒という響きにいちばんしっくりこない土地だろう。都外には自然豊かな場所があるし酒蔵もないわけではないが、やっぱり地酒のイメージを浮かべにくいのではないか。

私もかつてはそう思っていた。こちらは岩手出身の田舎者なので、余計に東京は地酒なんて言葉は似合わないと決めてかかっていたこともある。東京にもおいしい日本酒があるのは知っていた。ただ、どこか洗練されていたりスッと背筋を伸ばした印象があったし、地酒はその字面からして地方の領分だろうと対峙するような意地もあったかもしれない。

「喜正」に出会うまでは。この酒はだいぶ前に燗酒で飲んだのが最初である。喉を通した瞬間、胃にぽわんと淡い灯りがついたような飲み心地だった。なんとなく垢ぬけていない田舎っぽさがある。と言っても野暮ったくはないし雑な味もしない。これが青菜のおひたしや根菜の煮物、ワサビ漬けやイカの塩漬けなど素朴なつまみに合う。すぐ心のなかで挙手をした。私好みである。

酒蔵の場所を調べてみればあきる野市だとわかった。渓流釣りやトレッキングができる観光地として有名な秋川渓谷のあたりである。えっ、と驚く。酒をはじめて飲んだ少し前に、友人たちと秋川渓谷でバーベキューを楽しんだばかりだった。東京とは思えないほど山々に囲まれている場所でちょっとした秘境である。目を閉じると川が流れる緑いっぱいの風景がありありと浮かぶ。その風景と酒の味わいがすんなり重なる。東京にも地酒があったのだ。また好きな酒が自分だけの品書きに加わった。

ところがそれ以降、酒蔵からさほど遠くない都内でも、喜正とはなかなか飲み屋で出会えない。喜正の燗酒を飲んだ店の主人に聞けば、製造量が少ないため酒屋でもあまり扱っていないようだ。ちょっと肩すかしをくらう。でも、どこでも飲めないのが地酒っぽくていい。いつかの酒縁を楽しみに待つとしよう。

そう構えていたら灯台下暗し。20代から行きつけの酒屋「味ノマチダヤ」に取り扱いがあるではないか。しかもＰＢ商品だがカップ酒も売っている。飲みきりサイズがあるとはうれしい。それから私は花見や宅飲みなど事あるごとに買いに行くようになった。

相変わらず飲み屋ではほとんど出会えなかったが、ここ数年の間にいつ行ってもほぼ喜正を置いている店を見つけた。この酒とも縁がある。喜正が好きな店主は言う。

「飲んだときのゆるっとした感じがいいんですよね。仕事が終わったらこういう酒を飲みたいじゃないですか。ただきれいな酒では味わえない感覚です」

まさにその通り。仕事で疲れて襟を正して飲みたくないとき。垢ぬけしすぎた酒は体の半分にしか染みないが、喜正は全身をくまなくゆるませてくれる気がした。【写真７－１】絶妙にきれいすぎないのだ。酒蔵に行って理由を知りたくなる。さりとて蔵元と面識はない。

そこで、味ノマチダヤへまた走る。Ｋ社長に喜正を取材したいので蔵元を紹介してほしいとお願いすると、チーフマネージャーのＩさんを呼んでくれた。彼が親しいという。Ｉさんが事務所から降りてきたので、

7-1

喜正は全身をくまなくゆるませてくれる

改めて事情を説明するとなぜか驚いた顔をする。

「えっっ!?　のんちゃんを取材したいの!?」と笑う。蔵元は野崎三永（のざきみつなが）さんという名前だった。取材したいわけを細かく話すと顔をほころばせる。本に書きたいと伝えるともっと目尻を下げた。

「特に話題性がある蔵ではありませんが、喜正を取材したいなんてうれしいなあ。そうですかそうですか。たしか野崎さんの奥様の実家だったかな。最寄駅近くの蕎麦屋がいいからそこにも行ってみてください」

蕎麦が大好物の私は心が躍った。

風はないが空気が冷たい。カリッと晴れた2月中旬の午前中だった。蔵元の野崎さんと待ち合わせしている武蔵五日市駅に降り立つ。［写真7-2］都心から中央線青梅特快（青梅行）に乗り、拝島駅経由でやって来たのだが乗り換えで降りたホームの空気と明らかに違う。ひさびさに澄んだおいしい空気を吸った気がする。

7-2

武蔵五日市駅に降り立つ。空気がいい！

待ち合わせ時間よりも少し前に着いたので駅をうろうろした。お、秋川渓谷と達筆で書かれた看板を発見。小さい説明書きを読むと、この看板はあきる野市で伐採した樹齢130年の杉材を使っているそうだ。秋川渓谷の文字に触発され、喜正を最初に飲んだ日のことを思い出した。【写真7－3】その流れで駅に併設されているコンビニへ。すぐさま酒コーナーに駆け寄ると、あった。喜正がずらっと並んでいる。秋川渓谷や周辺の山々を歩く人たちはみんな買って行くのだろう。今日みたいな天気は野外で酒を飲むのにぴったりだ。私は帰りにここで酒を買って帰ろうと誓う。【写真7－4】

閑散としたロータリーに目をやると、一台の車が止まり運転席から小柄な男性が降りてきた。笑顔の野崎さんである。私はさっそく助手席に乗り蔵を目指す。本の主旨などはあらかじめメールで伝えていたが、車内では喜正との出会いから飲酒歴などを慎重に伝える。いきなり距離が近い車内で話すのは緊張したが、味ノマチダヤのK社長とIさんの存在が我々の間にいるからか話が弾む。

約5分で蔵に到着。風情がある日本家屋である。【写真7－5】門の上部

7-3

あきる野市は、杉が有名である

7-4

駅のコンビニにはずらっと喜正が

につけられた古めかしい看板を眺めて改めて思う。正しく喜ぶ喜正とは素敵な銘柄だ。深呼吸をしながら門をくぐり、休憩所のような室内に腰を落ち着ける。野崎さんが煎れてくれた温かい緑茶が冷えた体に染みた。取材をはじめる。

野崎酒造は明治17年（1884）に創業。初代の野崎喜三郎が越後からやってきて蔵を立ち上げた。野崎さんで5代目である。なぜ越後からあきる野に？と聞けば喜三郎さんとは思い立ったが吉日の気性で、波乱万丈な人生を送った人だということがわかった。

「私のおじいさんにあたる3代目があるとき、先祖がどのようにしてこの蔵をつくったのか調べて資料にしたことがありました。それによると、初代は幕末に上越あたりから出てきた農家の次男坊で、一旗揚げるためにどうやら裸一貫で江戸にやって来たらしいのです」

裸一貫とは勘当状態だったのだろうか。

7-5
蔵は風情がある日本家屋

「同じようなものかもしれません。初代のお父さんは義理の父親だったせいか、ずいぶんこき使われ辛くあたられたりして。そういうのもあって親に黙って出てきた。ただ家を出る前日に、お母さんだけは気がついてこっそりお金を渡してくれたらしいけど」

しかしすぐにこの地に来たわけではない。

「まだ16歳くらいだったんじゃないですか。八丁堀に食料品問屋の縁戚がいて、最初はそこを目指したんでしょう。で、食料品問屋は酒蔵も経営していました。初代が酒蔵で働くようになった転機です。きっと頑張り屋だったんですね。杜氏にまでなって他の蔵も何軒か行ったみたいです」

ここから野崎酒造のルーツがはじまる。

「神奈川でも杜氏をしていましたが、女系で跡取りがない酒蔵だったようで初代が婿養子になりました。きっと喜三郎さんが働き者だから跡取りになれって言われたのだと思います。そこが今はない野崎酒造。だから初代は内山姓から野崎になりました」

いよいよ定住か。と思いきや再び喜三郎さんの「乱」が起こる。

「昔の婿養子ってのは肩身が狭かったようで、隣近所でもなんでよそ者を養子にしたのとかいろいろあったようで、子供を置いたまま神奈川の家を飛び出しちゃった。よほど辛かったのかもしれません」

そしてあらゆるツテを頼りあきる野にやってきた。

「この地を選んだのは蔵が空いていたからです。杜氏が蔵をはじめたということですね。昔は資本と経営が分かれていて場所を貸してもらい、蔵を創業しました。建物から道具一式も全部です。米の代金も貸してもらったのかな？　その代わりに売り上げの半分は取られる。うちのじいさんまでは個人経営でした」

今の仕込み蔵は当時の土蔵のままだそうだ。［写真7-6］

5代目の野崎さんが東京の大学を卒業後、蔵に戻ってきたのは1986年。いつか蔵を継ぐつもりでいたため、特に迷いはなかったという。

ところが蔵に帰ってきて翌年に先代がとつぜん亡くなる。まだ24歳である。蔵の経営も酒づくりも一切わからない状態で蔵元に就任。

「もう頭が真っ白になりました。親父は脳溢血でいきなりバタンキュー

7-6

仕込み蔵は当時の土蔵のまま

ですよ。ただよかったのは、親父は対外的な付き合いと簡単な帳面くらいしかやってなかったので、現場は回っていました。要するに酒は杜氏がつくり、瓶詰めから配送と販売は番頭に任せていましたから。とりあえず経営に関しては叔父や叔母に教えてもらい、なんとか危機を乗り越えました」

酒は添加物で増量した三倍増醸酒が全盛の時代。全体的な日本酒消費量はピークを過ぎていたが、まだ安定的に売れていた。野崎酒造でもしばらくは三増酒をつくっていたという。その後、同じ東京の澤乃井が吟醸酒や純米酒をつくりはじめた流れに連なり、特定名称酒づくりを開始しようとする。

「東京って言えば澤乃井でしょう。特に昭和から平成にかけては、澤乃井の製法をみんなでやってみようという流れがありました。今は前ほど親密じゃないですが、東京の蔵はけっこうまとまっていましたね。他の蔵よりも抜きん出るために酒を安売りする蔵もありませんでしたし、東京はそういうのはやめようって談合じゃないですが組合で決めていました。だから澤乃井さんが特定名称をつくりはじめたときも、真似するのは必然でした。と言っても、それまでいた越後杜氏は吟醸とかつくれないんですよ。そのために母親の埼玉にある実家のツテを頼り、南部杜氏組合から熊谷利夫杜氏を紹介してもらいました」

熊谷杜氏が蔵に来たことにより、喜正の酒質はどんどんよくなっていく。

「熊谷さんはまだ41歳だったけど、うちの蔵に入って2年目で金賞とってそれからも連続でしょ。東京国税局の審査会では首席ですよ。真面目だし腕もいいし私は運がよかったですね」

のちに野崎さんも蔵に入り二人三脚で酒づくりをしていた。しかしながら、熊谷杜氏が年齢を重ねるとともに不安が頭をよぎる。

「一緒にやっていても杜氏は具体的なことを教えてくれない。意地悪しているわけじゃなくて、もともと職人さんてそういうものなのでしょうね。でも、自分がなにも覚えずに熊谷さんがいなくなったら、酒づくりできないじゃないですか。杜氏さんもだんだん体がきつくなってきたな、とか言うわけですよ。このままじゃだめだなと悩んで、自分がやるしかないと腹をくくりました」

当時の野崎さんは47歳。酒づくりを一から学ぶには遅い年齢だが、体力的にもラストチャンスである。思い切って醸造講習を受けられる東京都北区にあった（現・広島）酒類総合研究所に行くことを決める。同期にいた福島の「廣戸川」のような若手に混じっての挑戦である。そこで学んだ結果はいかに。

「53歳ではじめて杜氏として酒をつくりました。いや〜大変でした。まあなんとかなるだろうと思ってはじめましたが、なんとかなりませんでしたね（笑）。まず機械の使いかたがわかんないから、例えば、上槽のときに搾り機のセンサーがうまく働かなくて受け口から酒があふれたり。いろいろな事件をやらかしました」【写真7-7】

味のことを考える余裕もなく、とにかく酒にすることで精いっぱいだったという。

「今61歳（2023年取材時）ですが、3年くらい前までは寝るいがいずっと蔵に張りついて酒つくっていましたね。今期で自分が杜氏になって8造り目ですが、ようやく工程全体を見る余裕が出てきてスムーズに仕事ができるようになりました」【写真7-8】

それは味にどう影響を与えているのだろう。

「自分のつくりたい味がわかってきました。間違いなく奇をてらった酒をつくろうとは考えていません。香りが出る酵母も使っていませんし、麹菌もグルコースがあまり出ないスタンダードなものです。私もよく晩酌するので長く飲み続けられないような酒はちょっとね。飽きない酒がいい」

もっとも力を入れているのは酒を搾ったあとの管理だという。

7-7 
機械の使い慣れるまで大変、これは搾り機

7-8 
野崎さんが酒づくりを学んだのは、47歳のとき

「終盤の工程をちゃんと仕事すると酒の質がよくなります。早めに酒をおり引きしてすぐに瓶詰めするとか、火入れも速やかに冷水をかけて温度を下げたり、貯蔵も冷蔵庫に変えました。この重要性もだんだんわかって来たんですよ」

ここで昼時を知らせるチャイムが鳴った。続きは私が楽しみにしていた蕎麦屋で聞くことにする。

野崎さんに案内され着いたのは手打ち蕎麦と日本料理の「寿庵忠左衛門」である。［写真7－9］こちらは創業150年を誇る製麺屋「寿美屋」が約30年前にはじめた店で、味ノマチダヤのIさんが教えてくれた通り、野崎さんの奥様のご実家だ。直営店もあり自家製麺を買うことができる。

個室のような席に座り、まずはおすすめの一杯とつまみをお願いする。

「地元でしか売っていない冬限定のおり酒にしましょう」と野崎さん。

今までおり酒は飲んだことがない。地元でしか売っていない、との言葉

7-9

手打ち蕎麦と日本料理の「寿庵忠左衛門」

に浮き足立つ。現地に行かないと飲めない地酒が好物なのだ。少しすると酒が自家製のふき味噌と一緒に運ばれてきた。このコンビ。飲む前からもうたまらない。【写真7-10】

すぐに乾杯し口に含む。酒はとろりと粘性があり旨みはたっぷり。とはいえ甘さは控えめで後味は軽い。ふきの苦みと味噌のコクにぴったしだ。これは止まらない。あっという間に飲んでしまいおかわりを催促する。すごくおいしいですね、と伝えると野崎さんは目を細めながら言う。

「おり酒は地元で人気なんですよ。もううちの蔵にも在庫はないですね。この時期に出荷するのを好きな人は知っていて必ず買ってくれるんです」

鯛の昆布締めや自然薯の磯辺焼きもテーブルに置かれた。昆布の旨みにも土の野菜にもおり酒はいい。酒が入った猪口をぐっとカラにする。ああ、昼間っからなんてペースで飲むんだ私は。続いては地元でいちばん人気だという、季節限定の吟醸生酒「しろやま桜」をいただく。【写真7-11】すっきりとほのかに可憐で気分がふわふわしてくる。

どちらの酒も料理を選ばなくていい。ものすごく便利な酒だ。

7-10
地元だけ飲める喜正と自家製のふき味噌

7-11
地元で一番人気の「しろやま桜」

「よくなんに合いますかって聞かれるけど困っちゃいます。だってよ、なんでも合うしそれが日本酒の魅力じゃない。うちの酒は、流行の香りが高くて甘い味じゃないから余計にどんな料理にも合います。難しく考えずに飲もうよって思う」

　宴席は終盤に差し掛かる。締めの蕎麦と菜の花の天ぷらがやってきた。いよいよ私が特に好きな純米酒の燗酒をお願いする。【写真7-12／7-13】そっと口をつけると、ふっくらとまるい旨みが口に広がる。蕎麦の穀物風味にも抜群に合う。

「晩酌はだいたい純米の燗かな。燗酒は私も好きで毎晩、湯煎にお銚子入れて温めています。だから、酒はあまりつくり込んだ洗練の酒じゃだめなんですよね」と野崎さんは言う。喜正の絶妙にきれいすぎない酒質の秘密が、少しだけわかった気がした。

　最後は家族に土産を買うために立ち寄りたいと製麺売り場へ。私も生蕎麦やおすすめの鍋焼きうどんを購入し、我々は外に出た。

「また飲みに来てください。やっぱりよ、うちの酒は地元に来て飲んでほしいなあ」

7-12　7-13

いちばん好きな純米酒の燗酒を締めの蕎麦と

笑顔の野崎さんに見送られ、私は気持ちよくふらふらと武蔵五日市駅へ向かった。【写真7－14】

7-14

「地元に来て飲んでほしいなあ」と野崎さん

蔵元と行った酒場

・**寿庵忠左衛門** 東京都あきる野市五日市64

日本家屋の建物も一見の価値あり。蕎麦前にぴったりな旬の食材を使ったつまみが豊富な店。季節の野菜天ぷらと蕎麦で締めるのが筆者おすすめ。喜正の飲みすぎに注意したい。お土産にはぜひ自家製麺をどうぞ。

蔵元おすすめの立ち寄り処

・**JAあきがわ　五日市ファーマーズセンターあいな** 東京都あきる野市高尾3－1

武蔵五日市駅から徒歩20分弱のところにある産直屋。地元の新鮮な野菜や果物、加工品が買える。ほろ酔いで散歩がてら立ち寄りたい。

・**秋川渓谷　瀬音の湯**　東京都あきる野市乙津565

宿泊もできる温泉施設で、地元の野菜や加工品などを売る直売所も併設されている。

・**黒茶屋**　東京都あきる野市小中野167

酒蔵より徒歩5分の秋川渓谷を代表する山里料理の店。和の内装から素敵で、自然豊かな景色を眺めながら料理と酒を味わいたい。

8

飾らない、一徹した「いい酒」づくり

開運（かいうん）　土井酒造場　◎静岡県掛川市

気がつけばすっかり行かなくなってしまった遊びに酒蔵のバスツアーがある。日本酒を書く仕事があまりなかった時代は、酒蔵に行ける機会も少なく、そういうツアーは蔵元と知り合うチャンスでもあった。誘われればよく参加していたのだ。

最初は大人の遠足みたいで楽しかった。しかし、日本酒歴を重ねていくとフラストレーションが溜まるように。大人数では蔵元と話せる時間もほんの少しで、もともと引っ込み思案の自分は気になることがあっても他人を押しのけてまで質問できず、イライラしたり落ち込んだりした。自意識過剰のめんどくさい性格である。

遊びに行くのだから気楽にしようと思うのだが、酒蔵に入った瞬間に、真面目に学びたいと好奇心が強くなる。酒場で日本酒を飲んでいるだけなら、ただ楽しく酔っ払うだけでこうはならないのに、なぜか酒蔵は自分のなかの頑固な真面目さを引き出す。酒蔵バスツアーは本来、日本酒を楽しんで飲むことが目的なのだから、私がお門違いなのはわかっていたが周囲との温度差は広がるばかり。日本酒の仕事で酒蔵を訪ねるようになってからは、そういう行事からは自然と遠ざかるようになっていた。「酒蔵は遊びで行かない」と生意気なことも言っていた。

でも、歳をとって気持ちに余裕が出てきたからだろうか。

つい先日、日本酒の講師やコンサルタントを生業にしているT氏に「開運のバスツアーに行きませんか」と誘われたとき、久々に行ってみようか、と気持ちが動く。主催者は鷺沼にある蕎麦屋「よしみや」の大将と女将というのも、参加の後押しをした。お二人は実直かつ穏やかな人柄で、蕎麦もつまみもなにを食べてもおいしく、お客さんはみな朗らかに飲む人たちだった記憶しかない。私が嫌いなウンチクにうるさい人もいないはず。［写真8－1］

8-1

鷺沼にある蕎麦屋「よしみや」、いい店！

そして、目的地の酒蔵は「開運」である。考えた末に行くと決めた。

開運は長いこと飲み続けている銘柄のひとつ。品のある香りや骨格のある日本酒らしい旨みが好きだ。近年は日本酒のポップ化が進み、米の酒とは思えないような酸が強めの甘酸っぱい味が目立って久しいが、開運はいつも日本酒らしさを捨てていない。ポップな日本酒もたまに飲むのはいいが、ずっとはきつい。私が日本酒を飲みたいときは大なり小なりどこかに「日本酒味」を感じられる酒がいい。開運はそんな酒だ。

そういえば、今まで酒蔵はなんどか訪ねたが、コロナ禍以降しばらく足が遠のいていた。土井弥市社長や、開運の酒質を確立した清愰（きよあき）会長にもずっと会っていない。特に、近年は表舞台に出ていない土井会長の鋭い土井節が無性に聞きたくなる。

忘れもしない約14年前。はじめて土井会長（当時は社長）と話せるチャンスがあり舞い上がった私は、ありったけの想いを込めて「開運はおいしいですね」と言った。すると、鋭い眼差しで土井会長は礼を言葉にしながらもこう返す。

「当たり前だ。いい原料、いい設備、いいつくり手がうちの蔵にはある。おいしくつくるのは当然。そうじゃなかったら開運ではない」

ハッとした。そもそも日本酒でもっとも大切なのは味である。人の喉を通して体内に入る以上、食品や他の酒と同じくおいしくつくることは大前提ではないか。

日本酒は日本トップの伝統産業で複雑な製法の酒。だからなのか、たいていクローズアップされるのは蔵の歴史や原料のよしあし、杜氏の思想や技術など酒質を形成する外側の部分だ。興味深く語れる部分が多いせいでそこばかりが注目されがちだろう。でも、飲み手からすれば肝心なのはその先にできた酒の味ではないか。

土井会長の「おいしくつくるのは当然」と言い切る言葉は、日本酒の狭い世界でしか物事を見ていなかった私を覚醒させてくれたと言ってもよい。土井会長は元気だろうか。

酒蔵バスツアーの当日。集合は鷺沼に7時20分と朝早い。眠い目をこすって会費を払い、バスに乗り込むとすでにほとんどの参加者が席に座っている。40名くらいだろうか。私は最後部の席に座り、少し経ってからバスは出発した。

前日につくっておいたおむすびなどの朝食を食べながら、窓の外に目をやると重たそうな雲が空を覆っている。今にも雨が降り出しそうだ。［写真8-2］が、気分はさほど塞がない。開運というおいしい日本酒があれば雨が降ろうと問題ないと心のなかでニヤけた。天候に行程が左右されがちなアウトドアと違って、酒蔵バスツアーは「飲めれば天国」なのが最高だと思う。

第一のトイレ休憩、富士川サービスエリアに到着した。その瞬間に周囲がどよめく。どんよりと暗い雲をものともせず、富士山がくっきりと姿を現していたのだ。慌てて外へ飛び出し、トイレはそっちのけで富士山の撮影会。思わず今日は開運に行くのに「運」がいいね、なんてしょうもないことを言ってしまったが、誰もがにこにことうれしそう。他人同士でも喜びを共有できるこの感じ、しばらく忘れていたかもしれない。

【写真8－3】

再びバスに乗り込み発車。バスに揺られてうとうとしていたら開運に着いた。車窓からは土井社長が手を振っているのが見える。ポツポツと雨が降るなか、一行はぞろぞろと蔵の門を入っていく。【写真8－4】

全員が一度に酒蔵に入ることはできないそうで、2班に分かれて蔵見学と唎き酒を交代で行うことに。私の班は唎き酒が先だという。蔵見学の前に酒を飲んで大丈夫かな、と思っていたら見透かされた。T氏が「あくまでも唎き酒ですからね！」と笑う。

唎き酒ではいつもふつうに喉を通してしまう私である。唎き酒師失格

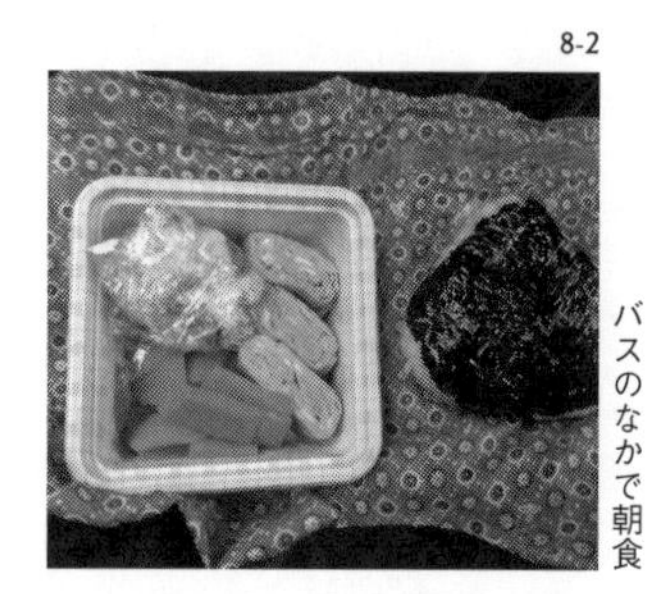

8-2

ツアーの朝は早い、バスのなかで朝食

8-3

富士山で、ツアー客全員のテンションも上がる

と責められようが吐くのは苦手。酒に対してそんなもったいないことは恐れ多くてできない。

ともあれ、にぎやかに唎き酒がはじまった。なんやかんや言っても真っ先に酒を飲めるのは幸せ。顔がほころぶ。まずは、舌が酒で麻痺する前に上質な純米大吟醸を。可憐な香りがいい。小さい球体のような旨み甘みが舌を滑る。うまい。ずっと口に入れて転がしていたくなる。［写真8－5］

先ほど一行が通った蔵の外観を絵にしたラベルの櫻花開運（純米吟醸）は、純大よりも香りに華がありふくよかな味わい。［写真8－6］開運のなかで私がもっとも飲み慣れた吟醸は、旨みの中心にシャンとした芯があり安定のおいしさ。［写真8－7］

他にもしっかりした味の無濾過生や本醸造にも手を伸ばした。もちろんいずれも喉を通す。それから戻って純米大吟醸を飲むなど酒を計2周はしただろうか。蔵見学を終えた先班が、酒の匂いに吸い込まれるように唎き酒会場に続々と入ってきた。慌てて猪口に入った酒を飲み干し、持ち場を交代する。

8-4

一行はぞろぞろと蔵へ入っていく

8-5

唎き酒がはじまる、まずは上質な純米大吟醸

髪の毛が落ちるのを防止する簡易の布キャップを被っていると、雨あしが強くなる。来たときより肌寒くなってきたが、先ほど飲んだ酒のせいで体の奥は温かい。

土井社長が改めて挨拶をし、蔵見学を開始。【写真8－8】

最初は米を洗う洗米機の前に立つ。10キロずつ洗うそうだが、この洗米機は一般的なものよりも10倍水を使うと教えてくれた。そのほうが短時間に米をきれいに洗えるからだ（こちらも静岡の名酒「磯自慢」も同じ機械を使っているらしい）。開運は、地下水を使用した水道水を仕込みに使うことを知っていたので、10倍の水量とは水道代がかかって大変だなと思う。【写真8－9】

洗米した米を浸漬したあとは蒸す作業が待っている。蒸すのは約1時間。甑に浸漬米を入れて１００度まで加熱し、最上部に設置したスーパーヒーターという装置で蒸気を乾燥させる。これを活用することにより、

8-6
お次は櫻花開運（純米吟醸）、華やかな香り

8-7
私がもっとも飲み慣れた吟醸、シャンとする

日本酒づくりで最適な米の外硬内軟（がいこうないなん）が実現し、土井社長よると「引き締まった蒸米」ができるという。蒸米はよしあしで麹のできや、原料として投入する酒母やもろみの完成度に影響を与える。気が抜けない。【写真8-10】

次は放冷の説明を聞く。熱々の蒸米は放冷機を使って冷やすが、近年の温暖化で冷めにくくなったため、殺菌した冷風が吹く機械を導入したとのこと。蒸米を冷ますために一役買っている。

なぜそうまでして蒸米を冷やすかというと、蒸しの作業からもわかるように、日本酒で使う米粒は外側の水分は飛ばし中心部の湿り気が必要。麹づくりで米粒の内部に麹菌を生やすためだ。外側に水分をもたせると、水分を好む麹菌が米粒の外側にも散らばって繁殖しすぎてしまい、そういう麹を使うと飲みにくい雑な酒になりやすい。

さらに、もろみの原料に使う場合は時間をかけて糖化と発酵を促すため、こちらも放冷した蒸米が必要。そうしないと、不必要に発酵が進んで糖化が追いつかないことも。発酵と糖化を同時に行う「並行複発酵」を経てアルコールになる日本酒は、この発酵と糖化のバランスが崩れる

8-8

挨拶する土井社長

8-9

地下水を使用した水道水を仕込みに使っている

と味が薄辛いあるいは甘すぎる酒になるなど、味に支障をきたすのだ。蒸米も奥が深い。

続いて麹室に移動。

「お酒の命と言えるのが麹です」と土井社長。開運では機械と麹蓋を使った手作業の2種類の方法を用いているが、麹づくりの肝は麹菌と蒸米の品温管理だろう。【写真8-11】

まず麹菌。開運は5種類の麹菌をブレンドし、放冷した蒸米に振る。この蒸米をよくほぐし、まとめたり広げたりして蒸米の品温を上下させながら麹菌を米粒の内部にじわじわ生やす。そうすることで糖がない米を糖化させ、味わいの素になるアミノ酸などを生む酵素をつくる。

ここで土井社長が興味深いことを言う。開運の日本酒らしい旨みは、麹の質にポイントがありそうだ。

「酵素とひと口に言ってもさまざまあります。米の品温ですが30度〜40度の間にできる酵素が違うんです。どういう酵素をつくるかによって酒の個性が変わるので、品温管理は細かいですね。うちでは35度を中心に品温を上下させて酵素（麹）をつくります」

8-10

洗米した米を浸漬したあとは蒸していく

8-11

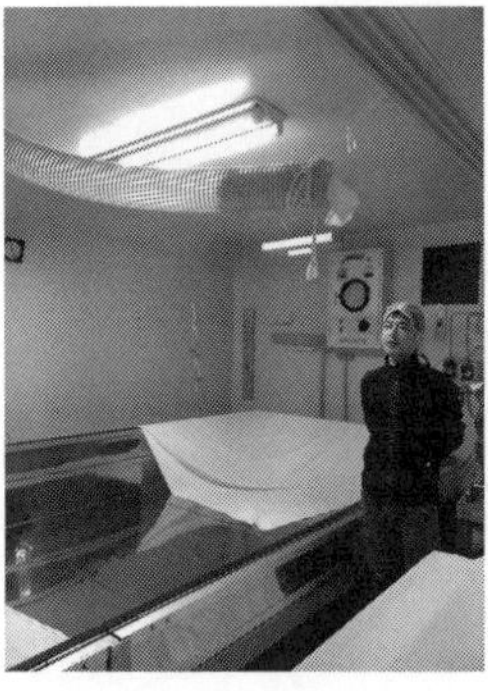

麹づくりの肝は麹菌と蒸米の品温管理

今度は酒母室へ。

酒母は元気な酵母を培養する酛づくりとも呼ぶ工程だが、こちらでは市販の乳酸を添加する速醸型を取り入れている。見学したときは酒母づくりの初期、汲みかけの状態に立ち会えた。

汲みかけとは全体を循環させるために行う作業。下に溜まりがちな麹エキスを汲み上げて酒母の上部にかけることで蒸米の糖化を促進させる。その後、糖化が進むとさらに酵母の働きを活発にするために、湯を入れたステンレス製の筒のようなものを酒母に投入。約2週間で完成する。【写真8－12】

終盤のもろみづくりの部屋にも案内された。

この工程は、タンクに完成した酒母や麹、蒸米、水などを少しずつ投入し全体をアルコール化する。開運は一般的な三段仕込みを採用。2トンずつ低温で仕込む。

きれいでよい香りの酒をつくるため、最大でも11度までしかもろみ温度を上昇させないという。11度を越しそうになると内側が冷水で満たされるマットをタンクに巻き、再び温度を下げる。約30日で完成。開運の

8-12

麹エキスを循環させて、糖化を促進させる

品のいい香りの秘密はここにある。

最後は酒を搾る上槽の工程。

本醸造や純米吟醸など精米歩合が60％までの酒はアコーディオンのような自動圧搾機で搾り、精米歩合25％〜40％の酒は酒袋にもろみを入れて重ね上から圧力で搾る槽を使う。全国新酒鑑評会の出品酒や大吟醸クラスの酒は、もろみ入りの酒袋をタンクにつるし、滴り落ちる酒を瓶に集める斗瓶搾りを用いる。酒の種類によって搾る方法を使い分けるのだ。後者のほうが酒にかかる圧が少ないためやわらかい口当たりになり、時間をかけるぶん凝縮された味わいに。その後、濾過や火入れ、瓶詰めなどの工程があるが見学はここで終わる。

それにしても、土井社長の説明には終始、感心しきりだった。簡潔かつわかりやすいだけではなく、マニアが喜ぶちょっとした情報も挟む。私は夢中でメモを取っていた。

見学が終わり、唎き酒の会場へ戻ると土井会長の姿が見えた。思わず駆け寄って挨拶をすると、最初は呆然とした表情をされてしまうが（かなり久しぶりにお会いしたので当たり前だ）

私は再会を喜ぶ。周囲を見るとみんな唎き酒に夢中になっていたので、これ幸いとばかりに今の開運が出来上がるまでの経緯を聞いた。

土井酒造場の創業は明治5年（1872）。この地の発展を願い初代が酒蔵をつくるが、現在の開運の原型が完成したのが昭和50年代だという。

「戦時中は企業整備令（軍需産業を強化するため中小企業の整理・淘汰を法的に強制した勅令）で、県内のいろんな蔵と共同で酒をつくっていました。その共同醸造が解散したあとは、大手への桶売りで主な商売をしていたのです。要するに名無しの酒ですね。私が昭和50年に蔵を継いでからはこれじゃいかんと思いまして」

そこで焦点を当てたのが吟醸酒だった。

のちに名杜氏と賞賛され、能登杜氏の四天王の一人でもあった故・波瀬正吉さんが、すでに開運で杜氏を務めていたことも大きい。

「吟醸酒は、（全国新酒）鑑評会に出品するもので売り物ではないと言われていた時代です。それをあえて商品化し東京で売ろうと考えました。腕のいい波瀬杜氏もいますから。もう今はないけど池袋の笹周は知ってる？　そこの大将にすごく気に入ってもらって自信を持ってからですかね、少しずつ売れたのは。県内でも評判は広まりました。いい酒をつくっていれば必ず売れるんですよ」

私は14年前のような言葉を期待し、見学前に口にした吟醸をおいしくてするする飲める酒ですね、と褒めると、土井会長は目尻を下げながら「飲み続けられないような吟醸じゃいかん!」と言った。

さて、そろそろ昼飯の時間になった。一行はバスに戻る。今回は土井会長・社長が揃って宴会場に同席するという。その道すがら私は土井社長の姿を見つけ、大人数の蔵見学は大変ですね、と伝えると、少し苦い顔で笑いながらこう返す。

「誰でも歓迎しているわけではないのですが、昔に蔵見学を一度、引き受けちゃったからね、なかなか断れなくて。40人なんて大きい見学はお得意様のみで年に3回くらい。麹室とかほんとは(知らない人を入れるのは)怖いんですよ。いろいろと触られたりするから。でも来てくれた方が喜んでくれるのはうれしいですね」

バスに乗り数十分。到着したのは静岡名物の鰻と和食を味わえる「和

8-13
鰻と和食を味わえる「新泉」

食処 新泉」である。［写真8－13］小料理屋の風情があるこざっぱりした店構え。縦長に広い入り口の扉を開け、団体客用の席がある2階の座敷へ向かう。部屋に入ると、座布団に腰を落ち着けるどころかそわそわと落ち着かない一行。壁際に開運のフルラインナップがずらりと並んでいたからだ。誰もが目線はそこに釘づけ。早く飲みたい。［写真8－14］

ほどなくして土井会長と社長が到着。土井社長が乾杯の音頭をとる。乾杯酒は大吟醸。波瀬杜氏の技術を継承してつくる「伝」と銘打った酒だ。しかも、この酒は今期に静岡の鑑評会で県知事賞を受賞したという冠つき。波瀬杜氏の下で10年以上修業した、現杜氏の榛葉農さんの腕前も讃えたい。［写真8－15］

さっそく、ごくり。ああうまい。きれいな酒だ。飲むごとにスーッと体に溶けていく。

「あとは好きなだけ手酌でどうぞ！」という土井社長の言葉に、キラリと全員の目が光る。誰もが一目散に酒が並ぶコーナーに直行し、波瀬正吉「伝」を二合徳利になみなみと入れて席に戻り、隣同士で注ぎ合う、をくり返す。なんて贅沢な飲み方なのだ。「うまい！」の声が輪唱のよ

8-14

開運のフルラインナップがお出迎え

8-15

乾杯酒は波瀬正吉「伝」

うに部屋に響く。

料理は前菜のツブ貝や黒豆の煮物にはじまり、上品な刺身の盛り合わせなどが並ぶ。メヒカリの唐揚げやグラタンなんかも登場。［写真8-16／8-17／8-18］酒は食中タイプに移行する。静岡県産の酒米・誉富士を使う純米吟醸や定番の純米酒を交互に飲む。いずれもなめらかな旨みたっぷりで喉越しがいい。

他にも、新商品の岩手の酒米「吟ぎんが」を使う純米吟醸、静岡の浅羽地区で育てた山田錦だけの「浅羽一万石」（純米吟醸）、本醸造の「祝酒」や無濾過純米、米の収穫後に開かれる祝席の場所を意味する「御日待(おひまち)家(や)」の吟醸などなど。いろんな種類をハイペースで立て続けに差しつ差されつをしすぎて、なんの酒をどう感じたのか体が追いつかない。どれも料理と合わせるとすごく飲める酒というのはわかる。こんなんでいいのか。大勢の人に囲まれると集中力が散漫になる私である。［写真8-19／8-20］

すると、隣に座っていたO氏が「なにを飲んでも一貫したぶれない開運の味がする」と言ってくれたが、そうそう。いいまとめを聞いて自分

8-16

前菜の煮物と刺身の盛り合わせ、豪華！

8-17

メヒカリの唐揚げ

を納得させた。

満を持して登場したメインの鰻重がまたうまかった。鰻は香ばしくふっくらとした食感。粒立ちした米もおいしい。供の酒は祝酒にする。甘辛い鰻重のタレによく合う。【写真8－21】

満腹。胃をさすりながらまったり飲んでいると、隣同士との会話が途切れたのかぽつねんと猪口を傾けている土井会長の姿が目に入った。私はここぞとばかりに祝酒が入った二合徳利を持ってにじり寄る。酒を注ぎながら、不躾にも今日のラインナップのなかでいちばん好きな開運を聞いた。

「祝酒（本醸造）かな。毎晩飲むんだけど駆けつけ2杯はこの酒だから。今の時代は純米酒に傾いているからあまり言えないけど、開運のアル添酒（醸造アルコールを添加した本醸造や吟醸酒）が好きでね」

土井会長はこのとき84歳。最高。駆けつけ2杯の言葉に私は笑みがおさえられなくなるが、土井会長は今の開運の味についてもこう評した。

「今期は全体的に（開運の酒質が）まとまっている味でいいんじゃないかな。個人的にはもうちょっと旨みがほしいけどね。金太郎飴みたいに、

8-18 グラタンなんかも登場

8-19 岩手の酒米「吟ぎんが」を使う純米吟醸

どれをどう飲んでも開運の味になっている。よくつくっていると思う」

気をよくした私は、今日の開運はいつも以上に飲んじゃいますね、とつい合いの手を入れてしまったが、「たくさん飲めない酒はだめだ！」ときっぱり。酒蔵で話したときと同様、実に精悍である。今日はこういう土井会長の言葉を聞きたかったのだ。

宴会はお開きに近づいた。

「ありがとうございました。残った酒はバスで飲んでください」

そう話す土井社長の言葉に酔ってとろんとした一同の目がまた光る。

私はどの一升瓶を飲み尽くそうかひたすら考えていた。

蔵元と行った酒場

・うなぎ・和食処　新泉　静岡県掛川市掛川606-2

おいしい鰻を手頃な値段で食べられる。刺身やエビフライなどの定食もあり。まずは肝焼きや天ぷらなどをつまみに開運を飲みたい。

8-20

土井会長が好きな「祝い酒」

8-21

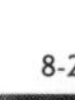

メインの鰻重

蔵元おすすめの立ち寄り処

・焼津さかなセンター 静岡県焼津市八楠4－13－7

漁港から直送される鮮魚や干物などが買える。筆者はT氏に売り場を教わり購入した「かつを塩辛」が一押し。ワタと塩のみを使用した無添加の酒盗で、ほろ苦く塩っぱい。

9

ぺろっと一升飲める地酒を追求する酒蔵

白隠正宗（はくいんまさむね）　高嶋酒造　◎静岡県沼津市

「白隠正宗」をつくる蔵元杜氏の高嶋一孝さんは、おそらく一度会ったら忘れられないだろう。日本酒の蔵元界のなかでも際立ってキャラが濃いのだ。ある人は愛嬌たっぷりに彼を沼津の熊と呼ぶ。まさにそういう風貌で目の前にするとなかなかに迫力がある。【写真9－1】

酒の飲みっぷりもこれまたすごい。

飲みはじめはわりとスローなテンポで酒をカラにするが、時間の経過とともにスピードは倍速に。盃あるいはグラスが乾くペースが早すぎる。

9-1
白隠正宗をつくる高嶋一孝こと「沼津の熊」

飲むより吸うと言ったほうがいいかもしれない。酔いが最高潮に達したときの酒の吸い込みはバキューム並みである。［写真9－2］高嶋さんはことあるごとに「つくるより飲むのが好き」と言っているがあながち嘘ではない。酒量が増えるとともに表情が豊かになり目がらんらんと輝く。

さらに何事も一刀両断。肝の据わりかたが尋常ではない。常に本音を包み隠さず語ってくれるところも印象深い。そうなったわけは拙書『蔵を継ぐ』に書いたように、多くの苦難を乗り越えてきたせいだろう。

一緒に飲んでいると実にスカッと痛快。痛快すぎてなんど圧倒されたことか。腹がよじれるほど笑ったこともたくさんある。この痛快さが忘れられなくて定期的に一緒に飲まないと禁断症状が出てくるのは私だけではないはず。某酒蔵の営業職で働く飲み仲間の女性は、彼にしばらく会わないと「高嶋ロス」になると言っていた。とにかく強く記憶に残る人である。

一方で、肝心の酒は相反するようにどこか遠慮がちでおとなしめなのがおもしろい。のほほんとしたやわらかさがあり後味は軽い。冷酒でも燗酒でもうまいがどちらの棚に並んでも主張が少ないタイプに部類され

9-2

バキューム並みの酒の吸い込み

るだろう。

特に地元で飲むのが最高にうまいと思う。東京で飲んだからと言ってうまさが減るわけではないが、富士山に見守られたおおらかな雰囲気の沼津で飲んだほうが白隠正宗は活きる。地元で獲れた野菜や魚にもぴったり。加えて高嶋さんの存在と軽快な飲み口の白隠正宗が重なると、私も酒の吸い込みが激しくなりいつもよりもずっと量を飲めてしまう。

だから私はよく日帰りで白隠正宗を飲むためだけに沼津へ行く。蔵元と飲めればなおよし。強烈なキャラの高嶋さんとやわらかい白隠正宗のギャップがやみつきになるのだ。それにしても、このギャップの秘密はどこにあるのだろう。「酒は人なり」と常々思っているが白隠正宗はまだそれがつかみきれていない気がする。私の足はまた沼津へと向いた。

高嶋酒造は文化元年（1804）に創業。初代は漁業の網元や醤油問屋を営んでいたが、酒の需要がある東海道の宿場町だった土地柄を見込んで酒造業も開始した。酒の需要が多いだけではなく、良質な水に恵まれていたことも沼津で酒蔵をつくったきっかけだろう。

今回も東海道本線の原駅から歩いて高嶋酒造に向かうと、蔵の敷地外に併設された水汲み場に大量のペットボトルを持参している人たちがいた。［写真9－3］これは高嶋酒造の酒づくりで使う井戸水なのだが、誰でも水を汲める場所として地元では有名。車でわざわざ来る人が多く、飲食店の店主たちも水を求めてやってくる。私も道中で飲み干した茶のペットボトルに水を汲んだ。高嶋酒造に行くときはいつもこうするのが通例。酒蔵の門をくぐる前に、まずはぐいっと水を飲み白隠正宗を飲むための口に整える。

ちなみにこの水は300年以上前から湧く富士山の最深層水で、霊性が高い水とされ「霊水」とも呼ばれている。健康効果が期待できるバナジウムをはじめとする多数のミネラル成分が豊富だという。効能はともかくおいしい水だ。やさしい口当たりで後味が軽い。白隠正宗のやわらかさと通じるものがある。水の影響は大きいのだろうか。

さっそく酒蔵に入って高嶋さんに聞いてみる。

「確かに仕込み水の特徴は酒に生きています。うちは超軟水なので発酵が穏やかでこざっぱりした酒になりやすい。硬水だと発酵力が強いので例えば剣菱さんのような腰の強いしっかりした酒質が適していますが、沼津の地域ではつくれない味ですね。剣菱さんに対して憧れはあります

9-3

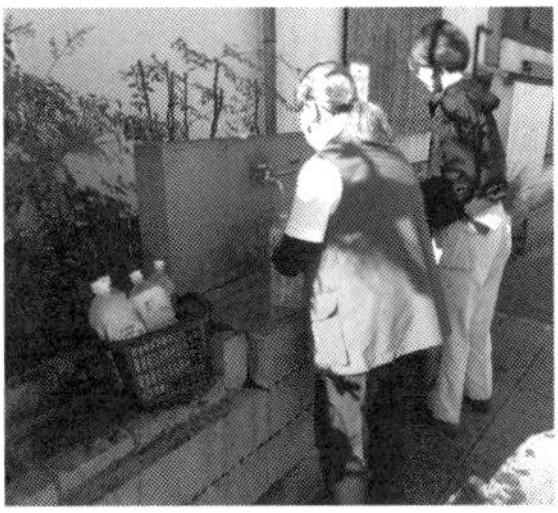

酒づくりで使う井戸水は地元民も汲みに

が、水には向き不向きの酒質があるのでそれをどう生かすのかが大切なんです」

　高嶋酒造の井戸水は高嶋さんが力を入れている生酛づくりにも役立つ。生酛とは酵母を培養したもので、次の工程であるもろみづくりの質を左右する重要な存在。酵母の増殖のため雑菌をバリアする天然の乳酸を生成する製法だが、乳酸ができる過程で必要な硝酸還元菌という微生物が含まれた井戸水こそ適しているという。

「水道水には硝酸還元菌がいないので生酛をつくるのはかなりむずかしい。雑菌は不必要ですが微生物を排除しすぎた水でもダメなんですよね。とはいえ、うちの井戸水はきれいすぎるのか硝酸還元菌をもとにする亜硝酸反応（この反応がなければ乳酸は生成されず酵母を添加できない）がなかなか起きにくい。そこで、井戸水を汲んだ後に2週間ほど常温で放置した水を生酛づくりに使うのです。そうすれば硝酸還元菌が増殖し亜硝酸反応が起きやすくなります」

　これらの方法により近年は夏仕込みも実現できるように。雑菌に強い生酛（培養した酵母の集合体）は暑さにも負けなかった。日本酒づくりと言うと寒い冬のイメージが強いが、生酛を用いれば完璧な冷蔵設備を整えなくてもつくることが可能になるそうだ。

「なんの設備もないのに昔は年中酒をつくっていたので、やってやれないことはないと思っていて。実は前々からこっそり生酛を生かした夏仕込みをしていました。何年も前に某航空会社のプレミアムシート酒として採用されたのがきっかけです。おかげさまで酒が売れて在庫が足りなくなってしまい、必要に駆られて夏にやってみたらできたんですよ。ちゃんと夏仕込みとうたって商品化したのは今期（2023年醸造年度）からですね。8月から生酛をつくることができました」

ただ夏の湿気にはずいぶん注意したという。

「いちばんの大敵は湿度です。一例を挙げるとすれば放冷ですかね。冬と同じように蒸米を冷やしていたのではカラッとならないんです。ベタベタした蒸米はよい麹にならず、発酵にもいい影響を与えません。なので夏は放冷機で蒸米を冷やした後に人力で別の場所に運び、また外気にさらします。つまり半日くらいかけて二度放冷します。手間はかかりますが工夫次第でどうにかなるものです」

そういえば奇しくも温暖化が顕著になってきている昨今。10月になっても全国的に暑いのが当たり前になってきている現代は、高嶋さんが試行錯誤しているように各蔵流の夏仕込みに適した酒づくりが近い将来、定番化する可能性が高いのではないか。江戸時代に幕府が腐造を防ぐために制定した、冬の寒づくりのスタイルが今も一般化しているが、醸造法を根本的に見直す時期がきているのかもしれない。

「ほんとにそうですね。温暖化はどの蔵も死活問題なので、これからは暑い時期でもつくれる方法を考えなくてはならないと思います。でも温暖化はさておき、僕はできれば酷暑以外の時期は酒づくりをしていたいです。この時期に酒づくりができると、いちばん酒が売れる年末の在庫切れも防げてキャッシュフローもよくなります」

なによりつくり手の負担が軽くなるという。

「冬に集中してやるよりも、作業のスケジュールがゆっくりになるので僕も蔵人も余裕を持ってつくることができます。それに寒い時期に一気にやるとあっという間、よくわかんないうちに酒づくりが終わるじゃないですか。酒づくりを年間通してやっていたほうが、もうちょっとこの匂いや味をこうしたい等、微調整ができますし、確実に感覚の経験値は上がりますよね」

酒づくりでは無理をしてはいけない、と彼は強調して言う。

「最近はストイックに酒づくりをするよりも、落ち着いて作業することが大事だと思っています。もともと日本酒づくりは、多少の失敗なら後々で帳尻を合わせることができるようなシステムになっているんですよ。それなのに追い込むようなつくりかたは蔵人のマインドにもよくないですし、酒づくりは危険とも隣り合わせなので事故の可能性が高くなります。心身ともに蔵人の安全性を考えるのも蔵元の役目です」

なにかを思い出したように斜め上を見ながら高嶋さんは続ける。

「いい酒をつくるのは当たり前なのですが、もう少しみんな（蔵人）に楽をさせてあげられたらいいなあと思う。余計な仕事をさせないで粛々と仕事ができる環境をつくりたい。それには蔵を建て替えなきゃいけないから時間はかかりますが……。今も僕がエアシューター（蒸米を遠くに飛ばすことができる筒状の道具）の匂いが嫌いで米を担いでもらっていますし、蒸米も手で掘ったほうがいいから手間をかけてもらっていますが、こういうところはもう少し改善してあげたい。いつか必ず。品質を落とさずして重労働じゃない方法を模索中です」

蔵人を想って話す彼はまろやかな表情をしていた。【写真9-4】

インタビューを開始して約2時間。日が傾いてくるにつれ、酒を欲してきた私の頭には小池さんの顔がちらつきはじめる。沼津駅からほど近い酒場「くいもんや一歩」の店主のことである。

くいもんや一歩は、蔵元や酒と同じくらい定期的に沼津に行きたいと

9-4 沼津の熊は蔵人想いなのだ

思わせる存在。高嶋さんが長年アニキと慕う行きつけの店で、沼津で飲むときは必ず伺う一軒だ。ここを行かずして沼津の夜は終わらない。私の落ち着かない雰囲気を察したのか彼は「小池さんの店に行きますか」とガラケーの携帯電話をパカっとあけ時刻を見ながら言う。ためらわず承諾して席を立ち、いそいそと蔵を出て車で向かう。と、ここで高嶋さんが、「おすすめの干物屋さんがあるので寄って行きませんか」と提案してくれた。

たどり着いたのは沼津港近くの「カネトモひもの直売処」である。夕闇のなかにはためいていた暖簾をくぐる高嶋さんの後についていく。［写真9-5］店内に入るとさまざまな干物がずらりと並んでいた。

どれもうまそうだ。［写真9-6］目移りするがなにを選ぶかは高嶋さんに任せよう。彼は干物にうるさい。「沼津ひもの品評会」の審査員も務めていて、どんなに世間（メディア）で有名な干物屋でも気に入らなければこてんこてんに批判する。要するに干物への愛が深いのだ。それに「白隠正宗は干物に合う酒でありたい」といつも言う。シンプルな干物に合うのはビカビカした派手な酒ではない。白隠正宗の味の秘密はここにも

9-5

「カネトモひもの直売処」に寄る

9-6

どれもうまそうだ

ありそうだ。

「ぜひムロアジの干物を食べてほしい」と高嶋さん。ムロアジというと何年も熟成させた塩水に漬けるくさやのイメージが強いが、沼津では昔からふつうの干物として食べていた。真アジに比べるとあっさりした味が魅力だという。しかし、近年は脂の乗った干物の需要が高まり、淡白なムロアジの干物は衰退。今ではムロアジを使う「カネトモ本店」のような干物屋は減少し、買えるところが限られるそうだ。高嶋さんは嘆く。

「脂ばかりが強いものはしつこくてあまり好きではありません。ムロアジこそ干物の王道ですよ。カネトモさんの干物をつくる技術が優れているというのもありますが、脂は控えめでも味が濃い。白隠正宗のつまみに最高です。めしのおかずでもいいですがやっぱり僕は酒かな。そうだ。このあと小池さんに焼いてもらいましょう」

聞いただけで生唾がこみ上げてきた。今すぐ日本酒が欲しくなる。我々はムロアジを手にくいもんや一歩へと急いだ。

沼津駅の周辺で車を降りたあとはもうまっしぐら。早歩きで小池さんの店に到着した。

[写真9－7]

「ああ、いらっしゃい」と小池さんはちょっとぶっきらぼうに言う。やさしい店主なのだが、照れ屋で初っぱなはこんな感じ。人見知りなので初対面だともっと素っ気なくされるかもしれない。でも、私はいつ行っても飾らないこの対応がうれしい。

さっそく席に座り、高嶋さんが持参した白隠正宗・山田錦生酛を常温でいただく。[写真9－8]本日ひと口目のアルコールだがつるりと飲めた。素直にうまい。

「すべる〜〜今日も僕の酒はすべるな〜っ」と彼は目を閉じて満足気に言う。思わず私はぷっと吹き出してしまった。

「前は後味がただドライな酒をつくりたいと思っていましたが、今は口当たりとか喉ごしとかも意識していますね。昔のイメージだと旦那衆が花魁のひざ枕で飲む酒というか、ゴロンと横になって飲めるようなゆるくてすべる酒でありたいなあ。三味線の「ちんとんしゃん」なんかを聴きながら飲みたくなる酒ってのが理想です」

蔵元がしばし妄想に浸っていると、小池さんが苦笑いしながらつまみ

9-7

酒場「くいもんや一歩」に到着

9-8

白隠正宗・山田錦生酛を常温でいただく

を出してくれる。「沖ボラの白隠正宗蒸しです」と言う。［写真9－9］待ってました。今回はクレソンやキャベツとともに、手づくりポン酢や白隠正宗（辛口純米）を入れて蒸した店主お得意の本日の酒蒸しである。魚はふっくら野菜の食感もいい。ほのかなポン酢の酸味と（料理酒として使った）白隠正宗の苦みが山田錦・生酛にドンピシャだ。一合おかわりください。

続いてアジの刺身に自家製の煎り酒（カツオ節・梅干し・日本酒を煮詰めた室町時代が起源の古典的な調味料）をかけたものが登場。［写真9－10］これもおいしい。アジの旨みと梅の酸味が酒に調子よく寄り添う。たまらず、もう一合ください。

小池さんの料理はいつ来てもそうだった。奇をてらわない繊細な味つけの料理で体が喜ぶおいしさ。いくら酒を飲んでも体がきつくならない。白隠正宗も待ったなしで進ませるのだ。

まだまだ白隠正宗が足りない。ここで、酒蒸しに使った辛口純米の蒸し燗が湯気を立ててやってきた。［写真9－11］

蒸し燗とは、数年前から高嶋さんが日本酒の消費量を増やすために提唱してきた飲酒法。徳利に入れた日本酒を蒸篭や蒸し器などに入れて熱

9-9

店主自慢の沖ボラの白隠正宗蒸し

9-10

アジの刺身に自家製の煎り酒

するのだが、湯煎で温めるよりも酒が凝縮されて飲み口がやさしくなる。【写真9－12】白隠正宗はもちろんのこと、どの日本酒も喉のすべりがよくなり量を飲めてしまうのだ。と言っても慣れないと湯煎につけるよりもコツがいるのだが、くいもんや一歩では手間を惜しまず全ての日本酒を蒸してくれるのがありがたい。

高嶋さんと一緒に飲むときはこの蒸し燗が「わんこそば」状態で出てくる。「小池さん！　もう一合」と言えば「あいよっ」とすぐに蒸した酒が目の前にやってくるのだから止まるはずがない。バキューム並みとはいかなくても、今日の私は掃除機くらい酒を吸い込んでいるかもしれない。

満を持してムロアジの干物が運ばれてきた。

確かに味が濃い！　淡白だが身がやわらかく噛むほどに味が出てくる。合間に辛口純米の蒸し燗をごくり。どちらかが前に出ることなく魚の旨みと酒の旨みが相携える。テレビやＳＮＳで映える絶品グルメとやらには遠いが、心が感じ入る幸せな深い味だ。日常で味わう酒とつまみはこういうのがいいんだよなあとしみじみしていたら、唐突に高嶋さん

9-11

もっと酒を！　ここで辛口純米の蒸し燗が

9-12

湯煎より味が凝縮

が言う。

「いつだったか富良野のラーメン屋さんで見たのですが、ある脚木家の御大が色紙に書いていた「吟味された素朴」という言葉が胸に沁みました。僕が目指したいのはこれだなって……。進化よりも深化していくってことなのですが」

私は酔ってゆるくなった頭のネジを再び引き締め、次の言葉を待っていると高嶋さんは語りはじめた。

「吟味された素朴を実現するためには自我をなくす必要があります。自我があると小手先で商売をしたくなったり、酒に余計な味をつけたくなりますから。それに僕が酒蔵を継ぐときに先代の借金で苦労したように、自我が強すぎると一時は商売として利益を生むかもしれませんが、他者に無理させることになりかねず結局は自分にも無理強いしたものが跳ね返ってきます。蔵元がそんなんじゃ酒蔵を長く繁栄させることはできないのではないでしょうか」

銘柄にある白隠という名前も彼の考えに影響を与えていた。これは、高嶋酒造の地元で生まれた臨済宗中興の祖である白隠禅師より賜った名である。

「沼津は寺院が多い土地柄なので、小さい頃から和尚さんや仏教に触れる機会が多かったのですが、蔵を継いでからは仏教を深く知らずして白隠という名前を使いたくなくて仏教関係の本を読み漁りました。だってこの名前は今でも商品に使わせないんですよ。うちは特別なんです。で、仏教を勉強していったら、自分がつくりたい酒や理想とする酒蔵の哲学がそこに集約されていたのです。気がつけば僕は仏教をベースに生きていたんだなって」

やわらかくおとなしめな酒質は、仏教の教えをもとにした彼の理想とする哲学を反映していた。

そして、高嶋さんの深淵がまた少し垣間見えた。

「資本主義のなかで生きていくためには利益はちゃんと出さなきゃ生きていけないんだけど、ただ金ありきの酒なんかつくりたくない。そんなの誰のためにもならないし自分もおもしろくないですよ。どういう酒を表現したいかを大事にすると同時に、酒蔵としてどういう酒をつくらなきゃいけないのか。商売ベースだけで考えるのではなく、根本的なフィロソフィーから出てくるものをつくっていかないと。先ほど話した「吟味された素朴」の言葉だってなんにも感じない人はいると思う。でもこれの重さ。そういうものを噛み締めてものづくりをできる人間でいたいんです」

でも、とすぐに言葉が出た。

「まだまだそこに行き着く人間にもなっていないし酒も。吟味された素朴とか深い味を追求しすぎると、現段階では世間の評価との釣り合いが取れないところがむずかしくて……。（全国新酒）鑑評会や民間のコンテストに酒を出品するとそれを実感します。けど賞レースが重要視されている世界に浸っていてはダメだなって。まあ、深く化けるのはいつになるかわからないですが、自分がつくりたい酒のまま世間で評価されるように淡々と酒づくりを磨いていくだけです」

我々は沈黙し空気が止まった。すると、小池さんが辛口純米の蒸し燗をカウンターにコツンと置いてくれる。私はなんとなく店主に「白隠正宗の魅力ってなんですか？」と質問してしまう。

「むずかしいこと聞かないでくださいよ。そのまんまがいいんだから」と笑う小池さん。［写真9－13］野暮なことを聞いた自分が恥ずかしくなった。

蔵元と行った酒場

・くいもんや一歩　静岡県沼津市三枚橋町17－1外川ビル１Ｆ

9-13

「そのまんまがいいんだから」

開店して19年。地元のコアなファンが集うカウンターのみの店。地元の魚や野菜などの素材を生かしたシンプルなおまかせつまみが絶品。白隠正宗の蒸し燗とともにいただきたい。予約がのぞましい。

蔵元おすすめの立ち寄り処

・カネトモひもの直売所 静岡県沼津市西島町13−22

沼津港で水揚げされた旬の魚の干物が買える蔵元御用達の店。真サバやエボ鯛、キンメ鯛など魚種は豊富でどれもうまい。ムロアジ干物は季節が限られるため事前に問い合わせを。

・めし処 魚鳥木 静岡県沼津市西条町27

こちらも蔵元行きつけで筆者も好きな一軒。素朴なつまみやスパイスカレー、おでんなどなにを食べてもちゃんとおいしい。週末は昼酒ができる。明るいうちから一杯どうぞ。

旅のほろ酔いポエム2

好きな日本酒は自分を映す鏡だ
どういう酒に惹かれるかで
自分はどんな人間なのか
自分はどういう人間に憧れているのか
選ぶ日本酒の個性をじっくり見ていると
消したくても消せない
知られざる自分を発見するかもしれない
私の場合は一つさらけ出すならば
好きでもあり嫌いな性格でもある
頑固さがある酒に引き寄せられてしまう
味がぶれない酒が好きなのだ

10

500年変わらない酒質を口伝で紡ぐ

剣菱（けんびし） 剣菱酒造 ◎兵庫県神戸市

どこまでも青空が広がる正午すぎ。私は「剣菱」をつくる酒蔵に行くため、兵庫県神戸市東灘区にある深江駅のホームに降り立った。【写真10-1】理由は後から触れるが、今回は「群馬泉」の蔵元杜氏・島岡利宣さんとも待ち合わせている。

もう10月だというのに初夏のように日差しが強く、コートを着ていると汗ばむくらい暑い。この地域の冬は冷たい六甲おろし（強風）が吹くそうだが、今のところそんな気配は感じられない。バッグにしのばせて

10-1

大好きな剣菱をつくる酒蔵に行く

いたハンカチを取り出し、額の汗をふきながら改札口を出た。

まもなく「お待たせ！」と、島岡さんが颯爽と登場。黒いニットに黒いジーンズ、さらに黒いニューバランスという黒ずくめのいでたち。彼の蔵には何度か足を運んでいるが、心なしか地元で会うよりも引き締まった表情が凛々しい。

「いや〜ようやく来れたね、山内さん」と彼は言う。

私はその言葉に胸が詰まる。実は昨年。島岡さんから剣菱に行こうと誘われていたのだが、出発を目前にして流行病のコロナになり、泣く泣く旅は見送りに。病で不調になった体よりもっと心はどん底だった。失意や悔しさにまみれて久々に絶望したことを思い出す。

どうしても剣菱に行きたかったのだ。

この酒が好きになってからさほど長くはない。日本酒を飲みはじめた20年以上前は、むしろ嫌っていたくらいだった。地方の小さな酒蔵が今ほど日の目を浴びていない時代の影響も大きい。剣菱のような大手蔵は私腹を肥やすために、桶買い（タンクごと酒を買い、それを自社の酒として売る方法）をし、資本力のない地方蔵の酒を安く買い叩いている、という噂が私のような熱烈な日本酒愛好家の間では有名だった時期。

桶買いだけが批判の対象ではない。戦中戦後の米不足の時代に一般化した、甘味料などの添加物で増量する三倍増醸酒は、語り継ぐ日本酒の負の遺産として先達に教わったが、主につくったのは「大手」と言う人が多かった気がする。後にさまざまな酒蔵を取材してわかったが、戦中戦後は大小の規模は関係なく三増酒をつくっていた酒蔵が大半だったのに。酒蔵はまだ閉じた世界でSNSも未発達の頃。情報が錯綜していたためだろう。

日本酒の世界ではアンチ大手の声ばかりで、剣菱もメディアで槍玉にあげられていた。某漫画の作者は、三増酒などを桶買いして量産した剣菱を「まずい」とまで書いていて、それが大手メーカーに対する嫌悪の決定打になる。ちゃんと剣菱を飲んだことがないくせに、アンチに染まるのは時間の問題だった。

ところが数年後。飲むしかない状況に追い込まれて口にした剣菱の「味」は、そんな偏った考えを持つ30代の私を変えてしまう。

季節は極寒の冬。飲み仲間と冷やかし半分に行った屋台がきっかけだった。燗酒は剣菱しかないと言われ、しょうがなく飲んだらトリコになってしまったのだ。色は枯葉色で味は濃い。当時、自分がおいしいと感じていた日本酒に比べると、明らかにひなびた昔っぽい味。それなのに、体にじんわりしみる深いやさしさがある。言葉にできない複雑な余韻もクセになる。初体験のうまさにわけがわからず夢中で飲んだ。

島岡さんと仲良くなりはじめたのは、その後しばらく経った頃だろうか。我ながら運がいい。彼は長らく剣菱の蔵元と親交があり、熱狂的に剣菱を支持していた。

「僕は剣菱を訪ねてから、他の蔵は見なくてもいいかなと思って蔵見学をほとんどやめちゃった。それくらい惚れ惚れする酒蔵なんです」

会うたびにそう繰り返す島岡さん。そんな剣菱の話をするなかで、桶買いの内情を知ることに。剣菱は酒を安く買い叩くどころか、桶買いする酒質の基準が厳しく、取引先に対して酒づくりの指導を徹底的に実施。酒造技術の向上に一役買っていたことを教えてくれたのだった。

それから某誌で剣菱について書く仕事があり、島岡さんの仲介で蔵元の白樫政孝さんに都内でインタビューする機会にも恵まれた。

根掘り葉掘り話を聞きわかったのは、剣菱とは頑固一徹にアナクロを変えない酒蔵だということ。流行りは一切追わずに、創業して以来、味を変えずに口伝で酒づくりを継承。しかも、1万3千石（一石は一升瓶で100本分。中小蔵はだいたい100石〜5000石）もの量を、多くの蔵人の手作業をもとにつくるという。蔵元が教えてくれた家訓「止まった時計でいろ」はよくそれを表している。酒蔵の哲学を貫くために、とことん時代に迎合しない姿勢はまさにロックだ。

よく知りもしないでアンチ大手（剣菱）になっていた、浅はかな自分の勘違いが恥ずかしくなった。剣菱を嫌っていた当時の自分を思い出すと、穴があったら入るどころか埋まりたい。でも、無知な我が身を恥じる以上に剣菱が好きになってしまった。酒蔵に行く機は十分に熟しただろう。

というわけで、このたびも島岡さんのつてを頼り、コロナ禍を経てようやく剣菱を訪ねることが叶う。

剣菱酒造は、永正2年（1505）よりも古くに伊丹で創業し、1928年にここ灘に移転。戦争や震災などいくたの困難をくぐりぬけ、519年もの間、日本酒の大衆酒として市場に君臨し続けてきた。

そんな剣菱が根を下ろす灘は、近代の日本酒づくりを発展させた銘醸地・灘五郷（灘一帯にあたる西郷・御影郷・魚崎郷・西宮郷・今津郷の5つの地域からなる酒処）としての歴史を持つ。なぜ灘が銘醸地になったのか。地の利は大きいだろう。米が不作で度重なる飢饉に苦しんだ歴史を持つ東日本に比べて、灘がある西日本は温暖で稲作に適している地域が多く、もともと原料の米が入手しやすい土地柄。剣菱に近い西宮で発見された、名水「宮水」の存在も大きい。【写真10－2】

宮水とは、西宮の井戸から汲み上げられた地下水のこと。江戸時代の天保11年（1840）に、灘と魚崎に酒蔵を所有していた山邑太左衛門（やまむらたざえもん）が、宮水を使う灘のほうがいい酒ができると発見。それがきっかけで、日本酒づくりに最適な名水として灘五郷で評判になり、少しずつ名声が広まった（今でも剣菱のほか灘五郷の酒蔵などは宮水を使っている）。

で、宮水のなにがよかったかというと、成分が判明したのは昭和だが、この水は発酵力を旺盛にする多量のリンやカリウム、マグネシウムなどが豊富に含まれている優れた硬水だった。発酵が緩慢になりやすい軟水の地域が多い日本のなかで、発酵を強く促す硬水が湧く灘はすでにいい酒ができる下地があったのだ。今のように科学的なことがわからず、設備も技術も発展途上だった時代に、自然と発酵が強くなる宮水の存在は相当な強みだったはず。

また、地の利だけではなく、灘は酒造技術の発展にも貢献している。例えば、江戸時代の半ば頃まで一般的だった、人力の足踏み精米からいち早く脱却。六甲山系からの急流を生かした水車精米を導入し、米をより精米する技術を開発した（米をたくさん精米すると味がすっきりと洗練され

10-2

剣菱をつくる、名水「宮水」

る）。

ほかにも、今も根強く残っている、天然の乳酸を使って酒母をつくる製法「生酛」の基礎を編み出したり、吟醸酒や本醸造など純米がつかない酒に用いる醸造アルコールを添加する通称「アル添」の元祖になった、柱焼酎（米焼酎や粕取り焼酎を酒に添加する技法）を積極的に取り入れたりするなど、酒をよくしようという研究が盛んだった。

必然的に多くの優秀なつくり手が集結し、灘地区はどこよりもいい酒ができると評判に。かつて酒造技術の情報共有が御法度だった昔は、酒税を取り立てる収税吏に扮して酒蔵に潜入する者もいたくらい、灘は他の地域から羨望されるほど高い技術を持った酒蔵が揃っている。

現在はどの地域にも高い技術を持ち、腕のいいつくり手を抱えた酒蔵はたくさんあるが、このエリアはちょっと特別。冒頭に書いたように、小さい酒蔵を応援したい反動で日本酒愛好家に誤解されていた時代もあったが、灘五郷の酒蔵を一目置いている蔵元は今もたくさんいる。なかでも剣菱は別格の上位だろう。島岡さんはもちろんのこと剣菱を崇拝している蔵元は多いのだ。

さて。張り切る島岡さんと私は、蔵元の白樫さんと待ち合わせる時間よりずいぶん前に集合したので、軽く腹ごしらえをすることに。なんの気なしに駅近くの「たこ壺」というたこ焼き屋へ行った。これが大正解。イカ焼きを注文したのだが、たっぷりのお好みソースやみじん切りの紅生姜がいい感じ。【写真10-3】卵多めの生地はふわふわイカはプリップリで、想像通りにおいしい。そして、我々は顔を見合わせた。

「剣菱ほしい！」

甘辛いこってりソースの引力おそるべし。剣菱の深いコクにばっちり合いそうだ。

口が脳が剣菱一色になる我々。今すぐ剣菱をがぶ飲みしたくなる。が、「たこ壺」には剣菱がないということで、残念だがホッと胸をなでおろす。酒蔵に行く前に酩酊するところだった。そそくさとイカ焼きを平らげて深江駅に戻る。

10-3

「たこ壺」でイカ焼きをチョイス、大正解

妄想で全身が剣菱まみれになったところで、車で迎えに来てくれた白樫さんと合流した。車に乗り込んだ島岡さんがつかさず、「たこ壺って知ってる？　地元の店っぽくてすごくよかったよ」と聞く。

白樫さんはちょっぴりうれしそうな面持ちで、「え、行ったの（笑）。自分も学生の頃からたまに通ってる。あそこはね、店構えからすると想像できないかもしれないけど、すべて焼きたてで、作り置きはしないこだわりがあるんだよね」と答えた。

予想外の「たこ壺」評を聞きほくほく顔で甘辛いソースを思い返していたら、剣菱にならなくてはならないという菰（こも）樽の樽をつくる「柏木製樽所」に到着した。

ちなみに、杉材を使った菰樽は江戸期に開発され、かつてはつくった酒を入れて流通させるなどして酒屋が使う容器として活躍。外側を覆う藁で織った菰は、陸路や水路などで運ぶ際の樽を保護するために生まれた。しかし、明治期にガラスの一升瓶が登場すると徐々に菰樽の需要がなくなり、ガラス瓶の普及とともに職人が激減。その流れは止まらず、技術を要する仕事のため後継者不足も重なり、廃業するところが増加し続けている。今も祭事などで菰樽の需要は一定数あるが、つくる職人の存続危機が叫ばれるほど、樽業界は低迷していた。

そんななか、剣菱は菰樽の伝統を守るために、この製樽所を引き継いだ。

「職人が一つ一つ手づくりする菰樽は昔から愛着があり、樽の香りがする昔ながらの剣菱の味も、蔵にとってなくてはならない伝統です。その文化を継承するため、私の会社では製樽所を譲り受けて子会社化しました」と白樫さん。

作業場所では、ちょうど職人さんがタガと呼ばれる竹の輪っかを黙々と樽に取りつけているところだった。［写真10－4］留め具も接着剤や釘を使わない手づくりで、樽と同じ杉材を鉛筆の先のような円錐に成形し、どんな隙間にも対応できるよう、微妙に違うサイズのものを細々とこしらえるという。［写真10－5］

樽を巻く菰の作業所は酒蔵にあるというのでいよいよ本丸の酒蔵へ。屋上に鎮座している剣菱の菰樽を仰ぎ見つつ［写真10－6］蔵へ入ると、社員さんたちが一升瓶を一本ずつ包装紙で包んでいる光景が目に入った。［写真10－7］積まれたP箱にはまだ山のように酒があり、「すべて手

10-4
タガを樽に取りつけているところ

10-5
留め具も接着剤や釘を使わない手づくり

で包むんですか?」と目を丸くする私に、白樫さんは言葉なくニカッと笑い前を歩いて行く。感心しながら彼の背中を追いかけていたら作業所に着く。

家内制手工業的な飾り気のない作業所には、樽を包む畳のような菰や、それを縛る藁縄からなる縄、タガで使う長い竹の数々が目に入る。［写真10－8／10－9］これらを使い、職人が一つずつ手作業で大量の菰樽をつくるそうだ。［写真10－10］

近年は、よい藁を手に入れることが困難になり、菰の素材はナイロンやポリエステルに変化しているが、剣菱では今も頑として天然物の藁を使用。柏木製樽所で見たタガに使う竹材も入手困難だが、「長くていい竹を手に入れるために竹林を買いました」と白樫さんはさらりと言った。いかにも軽く「竹林を買った」と言うところに、この蔵の凄みを感じてしまう。

白樫さんの言葉を聞きながら、島岡さんはため息まじりに話した。

「菰樽だけじゃなく、酒づくりで使う、米を蒸す甑やそれをすくうスコップみたいなものとかぜんぶ、剣菱お抱えの職人が手づくりしているよね。

10-6

屋上には剣菱の菰樽が鎮座

10-7

一升瓶を一本ずつ包装紙で包む

今では便利に取って代わられたそういう道具を大事にする蔵は希少だし、うちの蔵だってほんとうは古い道具を使った酒づくりに憧れはあるけど、手入れも大変で、かなりお金と時間がかかるからなかなか……。普通の蔵元がやらないところに、膨大なお金を使っているところがすごい。ここに来るたびに（経営者として）なんかドキッとするんだよ」［写真10-11］

対して、「我ながらそう思いますよ。お金はかかりますね。めっちゃ税理士に怒られますから（笑）」と白樫さん。島岡さんの指摘で蔵の切実な台所事情がちょっとだけわかり、私は妙に落ち着かない。

続いて案内された、日本酒の第二の主原料、米麹をつくる麹室でも古い道具は活躍していた。道具どころか木製の麹室自体が昔からの構造だという。阪神・淡路大震災で蔵が倒壊したときも、麹室の広さや天井の高さ、作業台の床など昔の設計図をもとに麹室を忠実に再生。肝心の道具は昔ながらの麹蓋を使っている。麹蓋とは、麹菌（蒸した米を麹に変える菌糸）が繁殖した蒸米を乗せる容器のこと。室内には積み上げられた麹蓋が天井までびっちり圧巻だ。［写真10-12］

10-8
樽をつくるための菰・縄・長い竹

10-9

剣菱の麹づくりでは、この麹蓋が作業の要である。（麹菌を振ってカタマリになった蒸米をほぐした後に）麹菌が繁殖しつつある蒸米を、それぞれの麹蓋に分けてから米をほぐし、しばらく置いてから積み替えと言って麹蓋のなかの米をほぐし、置き場所を入れ変える作業を十数人もの蔵人が昼夜をかけて何度も繰り返す。

この積み替えを繰り返すことで、米の温度変化が均一になり（温度経過の波によって麹の出来が左右される）、まんべんなく米に麹菌を生やすことが可能に。麹が完成するまでは約50時間。他蔵で一般的な所要時間は48時間だからそれよりも長い。剣菱は大手蔵でつくる量も多いのだから、とてつもない手数と労働時間だ。

今は剣菱のような小さい麹蓋を使うところは少なく、大きな箱のような容器を使って積み替えの作業を簡略化したり、自動製麹機（じどうせいきくき）を使ったりするところも目に見えて増えている。麹の質に影響がない、あるいは試してみたらいい麹になるからそうしているわけだが、国が推進する働き方改革の影響も大きい。ときに泊まり込みで作業をしなくてはならない麹仕事を蔵人に課すのはできにくい時代。夜を徹する仕事を自ら志願す

10-10

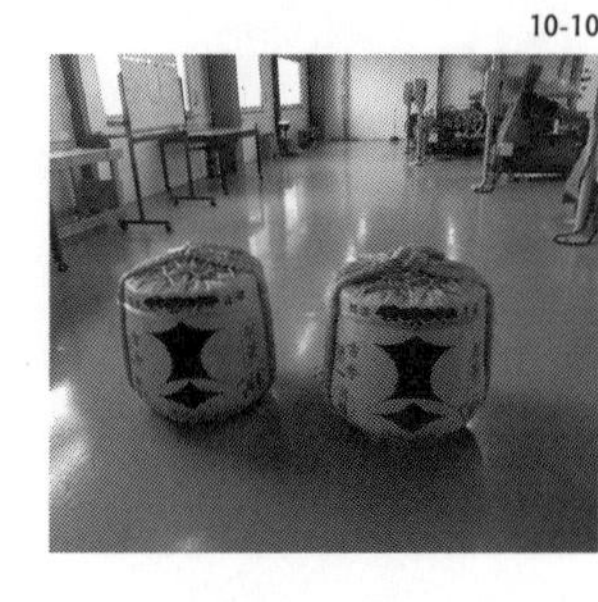

職人が手作業で大量の菰樽をつくる

10-11

「手づくり」には、お金と時間がかかる

る人も少ない。効率化は避けられないのだ。

剣菱でも昼夜働く人員を確保するのが困難になりつつあり、自動製麹機を導入し試験的に麹をつくったが、納得のいく麹にはならなかったとのこと。今のところ機械の出番はない。

「手づくりの麹にはかないません。それに機械を使い続けると蔵人の感覚や腕が鈍る危険があります。怠けてほしくないんで」と白樫さんは蔵元としての厳しい一面をのぞかせた。

島岡さんはしきりに感心する。

「剣菱は麹づくりを見ただけでもわかるんだけど、なんでも簡略化しがちな今の酒蔵と真反対のことをやっているし、酒づくりの教科書も無視しているよね」

教科書を無視するとは?

「教科書だったら絶対にやるなってことをやっています。でも完成した麹を触ったり食べたりすると、いい仕上がりなのがふしぎで。例えば、だいたいの酒蔵はもやし（麹菌）は肉眼でほのかに見える程度しか使わないのに、剣菱は恐ろしいくらいガンガン振るじゃない。群馬泉も麹室

10-12 
積み上げられた麹蓋が天井まで、圧巻だ

が霞むくらい振るけど、その比じゃないくらいもやしの量が多いんですよ」

白樫さんは答えた。

「麹づくりでは6社のもやしを混ぜて使っていますが、振りすぎだと同業者から言われることがあります。剣菱の味をつくるにはしっかりした糖化力が必要なのでそうしていますが、あれは麹屋（麹菌などを売る会社）を儲けさせているだけじゃないかって突っ込まれますよ（笑）。うちのつくり方は、つくり手の感覚をもとに編み出された独自のものであり、残念ながら現在それをデータ化するテクノロジーもないため、文書も一切残っていません。わかっているのは、昔から味が濃かったくらいですね。だから、口伝で伝承していくしかないんです」

教科書に載っていない独自のものは、酒母（酛）づくりも同様。酒母とは元気な酵母を培養するためにつくる酒の最小版のこと（これをもとに少しずつ蒸米や麹、水などの原料を増やして発酵させ酒をつくる）。

ここでは雑菌をバリアし酵母の培養を助ける乳酸という成分が必要だが、剣菱で採用しているのは、現代で一般的な既製の乳酸を添加する速醸（そくじょう）式ではない。速醸より4倍以上の40日をかけて自然に乳酸を生成し、蔵つき酵母を培養する独自の山廃と呼ばれる酒母づくりを継承。短期間に効率よくつくる速醸酛に比べて、力強い酵母が育ち発酵力も旺盛なのが特徴だ。

「剣菱の酒母づくりはおそらく生酛（山廃と同系だが酛すりという米をすりつぶす作業を行う）が生まれる以前の伊丹流の山廃だと私は考えています。いわゆる酒づくりの教科書に載っている、明治に誕生した山廃づくりと比べても剣菱の山廃は異質で、もしかしたらこの製造法のはじまりは奈良時代まで遡る可能性があります」

剣菱の世界は、道具にはじまり製造工程一つとっても古式ゆかしい。剣菱自体が日本酒の歴史資料館みたいだ。

「と言っても、別に古いやり方に固執しているわけではないんですよ」と、白樫さんは言う。

「先ほど話した酒母づくりや、酒を発酵させる際に使うもろみタンクはもともと木桶を使っていましたが、昭和期にすべてほうろう製に変えました。ほうろう製のほうが腐敗に強く、掃除などのメンテナンスがしやすい利点があるからです。それ以上に、木桶を使わなくても目指す味になる方法がわかったので（※筆者注：それを問うと企業秘密と言われた）、ほうろうタンクに切り替えたのです。これからも、そういうことはあると思います」

剣菱がたどり着きたい最終ゴールは、昔ながらの製法をただ継承することではない。「剣菱の味を変えないために、どんなつくり方が適しているのか。道具も含めて徹底的に考えたら今の方法だったというだけです」と言った後、さらに白樫さんの言葉に力がこもる。

「絶対にやらないと決めているのは、手段の目的化です」

日本酒の蔵元からはじめて聞いた言葉である。

「日本酒づくりはそれぞれの工程に多くの方法がありますが、例えば、純米や生酛がよさそうだからと方法ありきで酒をつくると必ず酒の味がぶれます。方法というバッティングホームを、ただ真似るようなもので、ほかにはない蔵の味を確立することは不可能です。この酒にするためにこういう方法を選択したんです、という強い理由がないのに、いくらすばらしい道具やつくり方があっても、剣菱で採用することはありません」

おそらく同業者からすれば耳が痛い言葉が続いた。

「それに、こんなものを使ってこんなふうにつくりましたすごいでしょう、というようなコマーシャル的な酒づくりは、ただの私欲であって昔からつくってきた味を維持したい剣菱にはいりません」

今の剣菱は、脇目もふらず続けた500年の反復が培った酒なのだ。

ひと通り蔵内を歩き回った後は試飲の時間だ。白樫さんはずらりと並んだ剣菱のなかから、純米酒「灘の生一本」を猪口に注いでくれる。【写真10－13】我々はそれを口に含み、引き続き蔵元の話に耳を傾けた。

白樫さんは大学卒業後、剣菱に入社し、代表取締役に就任したのは2017年。ふり返ると、蔵を継ぐと決めたきっかけは大学3年の頃だった。当時、灘五郷が主催した酒蔵コンサートがあり、大学のジャズ研に入るほど音楽好きだったという彼は、好きなミュージシャンが出ると知り参加した。そこに揃っていた灘の酒をすべて唎き酒したのが転機になる。

「うちの蔵だけ異様な味だと感じました。色も匂いも茶色い麹飴みたいで、すっきり感も全くない」

白樫さんの頭に浮かんだのは2つのことだった。

「ひとつはうちの酒は今売れてへんやろな。もうひとつはこの売れてい

10-13

お待ちかねの試飲タイム

ない味を変えない決断を下すのは、蔵元じゃないとできないと思いました」

白樫さんの腹は決まった。

「それまでは、会社を継ぐべきか悩んでいました。世間にはもっとできる人がいるのに、自分みたいな未熟者が経営して会社も社員も幸せにできるのか、自信がなかったのです。なので、私が一般企業で働いて株主として蔵に関わり、誰か優秀な経営者を呼んで蔵を続ける道を考えたこともありました。でも、優秀な経営者は自分の力を発揮したいでしょうから、何も苦労して古い味を継承するのではなく、話題になるような新しい味にシフトするのは確実です。それを想像したら、自分が蔵を継ぎます、と言いました。新しい酒をつくるのは簡単ですが、古いものは捨ててしまったら二度と蘇ることはありません」

白樫さんのそんな強い思いは、剣菱が代々受け継いできた気質から生まれたものかもしれないと、次の言葉から想像する。

「剣菱は、自分たちがつくってきたものではなく、他の家の人が築き上げてきた財産という気持ちが代々あったのだと思います。私の代でもそういう意識が強いです」

剣菱は今でいうM&Aを四度繰り返した酒蔵である。白樫家に経営のバトンが渡ったのは1928年。彼はそれから4代目の当主だが、曽祖父である初代の白樫政雄氏が蔵を継いだ決意は並々ならぬ思いがあったという。【写真10－14】

「曽祖父が剣菱を継ぐかどうか、ものすごく悩んだらしいんです。蔵を買う金額が高かったことが理由ですが、そのときに妻である曽祖母が「これからも酒蔵を買う機会はあるかもしれないけれど、剣菱を買えるのはこれが最後ですよ」と助言し、買収を決めたと聞いています。曽祖父の英断だけではなく、4軒もの家を潰してまで代々守ってきたのが剣菱の酒質です。ですから、私の代になったからといって、味を変える資格はないです」

それだけではない。今の時代こそ味を「変えなくてもいい」と、彼はこれから先を見据えている。

「剣菱は上方のほか、下り酒つまり最大の売り先である江戸の人たちに標準を合わせた酒づくりをしてきました。地元でしか売らない酒ならば、地元の料理に合う酒質だけつくればいいのですが、下り酒はそうはいきません」

注釈すると下り酒とは、江戸時代において江戸に運ばれる伊丹や灘など、上方の酒を表す名称。どのエリアよりも味がよい酒として、特に江戸っ子から重宝された当時の日本酒を意味する。

10-14

初代の白樫政雄さん

「江戸は参勤交代で日本中から人が集まるため、さまざまな食文化が混合した土地です。ですから、どんな料理がきても最低70点合うような酒じゃないと、江戸では生き残っていけない。そこでできたのが、五味が複雑な剣菱の味でした。人気にあやかってできた剣菱の偽造酒は、他のメーカーより生薬の種類が多かったという文献が残っているくらい、この味はものすごく複雑にできています。ということは、昔よりもっと多様な料理が引き合わされる今こそ、剣菱は需要があるはずなんです」

たしかに、和食だけではなく、海外から影響を受けた数多の料理をつまみにする現代の宴席を思い浮かべると、剣菱は今こそ出番なのではないか。

「どんな料理にも剣菱が一本あればいいですよ、という理屈は、江戸時代だろうが令和だろうが変わりません。この複雑な味は、どんな時代にも通用すると思います」

猪口に少し残った剣菱を惜しむようにすすりながら、もう一度、複雑な味わいの秘密を考えてみる。主に3つの要素が主体だろう。

まず、①前述した酒に独特のニュアンスを与える山廃酛を使うこと。②その山廃酛を使い発酵させた酒をじっくりと熟成させ、③熟成した酒たちをブレンドすることなどが挙げられる。

「なぜ熟成させるかというと、下り酒は時間をかけて（樽で）江戸に運ばれていたので、寝かせてうまくなる酒が大前提だからです。現在も最低1年は寝かせて味を落ち着かせ、酒に深みを出します。剣菱は古酒でうまくなる設定で最初からつくっているのです」

ということは？

「はっきり言って搾りたては、コンテストで絶対に最下位が取れるほどまずいです。ザラザラしていて酸が浮いて渋みもあり、後口が重い。でも、新酒でそういう味のほうが貯蔵に向いていて、熟成したときに酒質が伸びるんですよ」

そして、③の要素である酒のブレンドで、剣菱はいよいよ複雑な味わいに。ブレンドする数は、ひとつのラインナップにつき約6種類。1年〜44年熟成させた熟成年数の異なる酒を、貯蔵する389本のなかから専属のブレンダーが調合すると教えてくれた。

「は〜っ！（ため息）いいなあ、そんなに酒が使えるのならいろいろとブレンドできて楽しいよね」

自身の蔵でもブレンドを手がける島岡さんはうらやましそうに叫ぶ。その姿に目を細め、にこやかに話を続ける白樫さん。

「ブレンドするのは、いつも同じ酒質をつくるためです。ひとつの商品に使えるタンクが多いと味の微調整ができるので、酒質が安定するんですよ。シングルタンク（ひとつのタンクの原酒のみを瓶詰めした酒）だと、いくら同じ原料を使い同じつくり方をしても、その年の米の状態や気候など、時々のコンディションで味が変わってしまいます。味が安定しない酒を出したくないんです」

ここで話が終わる、と思いきや、言い忘れたことを付け加えるように、白樫さんが話しはじめる。

「そういえば、搾ったばかりの酒を濾過する工程も、酒質を安定させるためには重要だよね」

白樫さんの言葉に、待ってましたとばかりに島岡さんが追いかけてきた。

「わかる！　仕事としてはそんなに重要に見えないけど、やるかやらないかで仕上がりがぜんぜん違います。濾過を丁寧にやると、酒を呑んだときの喉の通りがよくなるんですよ」

ますます熱を帯びるコアな2人の会話を逃すまいと、再びメモを取る態勢を慌てて整える。な、なにがそんなに重要なのだろう。

すぐに会話の口火を切る白樫さん。

「搾ったばかりの酒は、時間が経つと味に変調をきたす不純物が含まれている可能性があり、剣菱のように長く熟成させたい酒は特に濾過が欠かせません。酒を濾過することで不純物をできる限り除去し、劣化を防ぎます」

濾過とひと口に言っても、活性炭という粉状の炭を酒に入れる方法や、炭を使わない素濾過などがあり、酒蔵によって選択肢が異なる。（昨今は素濾過を採用する蔵が多い）

剣菱の濾過は活性炭を使う方法とのこと。

「酒を搾って検定が終わったら、酒に炭を入れて濾過し、タンクで貯蔵します。それをブレンドしてからもう1回、炭を入れます。さらに今度は、炭を吸着させて沈ませる渋柿の汁を発酵させた柿渋とゼラチンを投入し、再び濾過を繰り返します」

酒はできて終わりではなく、できた後にも手が抜けない。

「炭濾過は非常にむずかしい工程です。日本酒づくりのなかで、いちばん難易度が高いのではないでしょうか」

そうまでして炭を使う理由はなんなのか。

「加工しすぎはよくないけど、身だしなみぐらい整えたほうがいい。要するに、適度な炭は酒を安定させて持ち味を生かしますが、化粧をしすぎると素顔が見えなくなるように、炭を使いすぎるともともとの味が消えてしまいます。それどころか、どんなにいい酒をつくっても、炭濾過が下手だと酒が台無しになります」

さらに手厳しい意見も。

「ごくたまに、市販酒の中で好き嫌いでなく予期せぬことが起こった、と感じる味の場合は、だいたいが炭濾過の失敗です。炭の風味が酒に残り、墨汁みたいな匂いがします」

炭濾過にも決まったレシピはなく、炭や柿渋などの量や入れるタイミングなどを毎回、酒のできによって微調整するしかないと言う。

「細かい炭を大量に使えば、不純物だけではなく必要以上に酒の味を取っちゃいますし、だからと言って単純に炭の量を減らしたり、炭の粒子を大きくしたりすればいいというわけでもなく。剣菱には濾過の専門家がいますが、そこらへんのさじ加減がとてもむずかしいですね。炭をどれくらい入れて、どのくらい攪拌し、柿渋を何リットル入れて何時間で炭を沈めるのかなど、できた酒の質によって常にやるべきことが変わるので、それに応えられる技術が必要です」

予想外の熱い濾過論を聞いた私は、ふと思い出した。いまだに根強い、無濾過こそが酒本来のピュアな味だと支持する日本酒ファンのことだ。それに対して島岡さんは鋭い言葉を投げかける。

「いろんな酒があっていいとは思うけど、手放しに無濾過を推奨する人たちに対しては、つくり手としてなんとも複雑な気持ちです。搾ったまま濾過をせず瓶に詰めて出荷するのって、言葉は悪いですが、けっこう無責任なのでは。僕の群馬泉も熟成させることを前提でつくっている酒なので、炭濾過をしますが炭を使わない濾過でも、商品として売る以上はするべきだと思います。市場に出す前に、品質を保つ仕事がまだまだあるでしょうって突っ込みたい」

島岡さんの言葉に白樫さんも冗談っぽく言った。

「無濾過酒は否定しませんが……なんで値段が高い酒があるのか。工程が少ない分安くてもいいのにと言いたくなります」

白樫さんの本音も炸裂し、会話の熱がますます上昇するなか、気がつけば時刻は17時半すぎ。窓から見える空はとっぷり暮れていた。

「そろそろ予約した店に行きましょうか」と白樫さんの言葉に気がはやる我々。すでに喉は充分に乾いている。

剣菱酒造からタクシーに乗り約20分。向かったのは、JR神戸線・三宮駅からほど近い飲み屋が点在する繁華街。白樫さんの後をついて行くと、神戸市道生田北99号線沿いにひっ

そり佇む商業ビルに着いた。このビルの4階が、白樫さん行きつけの「播州地酒 ひの」である。【写真10－15】

扉を押すと、煮炊きのうまそうな匂いが一気になだれこんでくる。カウンター8席と4人がけのテーブル席がいくつかある店内は、すでに先客でいっぱいのにぎわいだ。

ところで、ここには「白隠正宗」をつくる蔵元杜氏の高嶋一孝さんも来ることになっている。なぜかというと彼も剣菱の敬愛者で、私が去年行き損ねた剣菱旅のもう一人の同行者だったのだ。今回は剣菱を飲むためだけにわざわざ三宮に来るという。しかし、高嶋さんは到着が遅れるため、彼を待つ余裕がない我々は取り急ぎビールで乾杯。それからグラスが乾くまもなく剣菱を欲した。

品書きを開くと、樽酒から定番の剣菱に黒松剣菱、瑞祥まで6種のフルラインナップがずらり。こうなりゃ上から順番に制覇しよう。ぜんぶ、燗酒がいい。

つまみは、白樫さんがおすすめのものをいくつか注文してもらい、最初は樽酒の燗酒を飲んだ。ほのかな木の香りがやわらかく口当たりもや

10-15

「播州地酒 ひの」へ

さしい。これは量を呑める、ということで二合徳利の樽酒はすぐにおかわりをオーダー。

しばらく樽酒を呑んでいると、入り口から高嶋さんが幅広の体をゆさゆさと揺らしながらやってきて、慌てるように席に着く。［写真10−16］

「遅くなってすみません！　近くにあるレコード屋に行ったら、そこがバーをやっているというので、ここに来る前につい寄ってしまいました」

すでに0次会を済ませてきたとは、さすが日本酒界でトップの酒豪らしい。

高嶋さんとともに改めて樽酒で乾杯し、二合徳利が空になる前に、もっともデイリーな定番の剣菱をつけてもらう。

「刺身は頼みました？　僕は酒場で刺身をあまり注文しないのですが、前回来たときにおいしくて。今日も食べたいです」と高嶋さんが話すナイスタイミングで、刺身の盛り合わせが登場。ゴロリとしたタコのぶつ切りや、ぶ厚いカツオ、カンパチなどがうまそうだ。［写真10−17］

さっそくカンパチに醤油をつけて食べると、醤油がちょっと甘い。この醤油の甘みがコクのある剣菱の燗酒に合う。次に頼んだ剣菱より少し

10-16

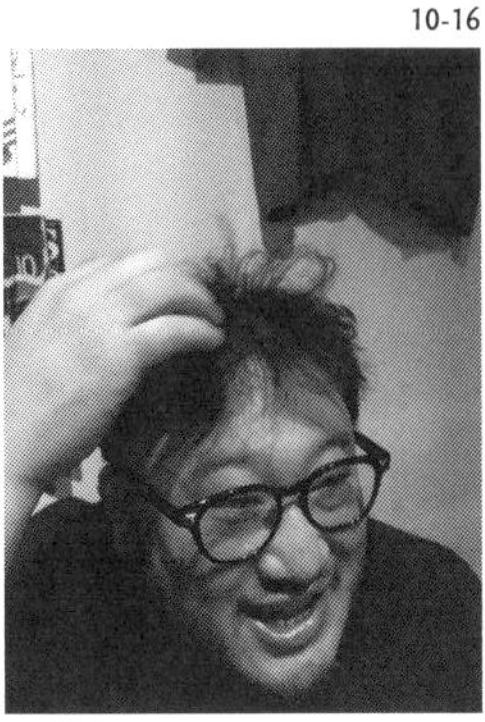

「遅くなってすみません！」

10-17

タコのぶつ切り、カツオ、カンパチ

ライトな黒松剣菱の燗酒も、カツオの磯風味に寄り添う。この酒のような濃い酒は生魚と喧嘩すると思っていたが、甘めの醤油がつなぎ役をするのか、意外にも剣菱は刺身と相性がよかった。

他のつまみも次々とテーブルに運ばれる。生姜醤油をつけて食べるやさしい出汁の播州おでんや、豚バラ肉を香ばしく焼いたもの、レンコン天ぷらはかなり厚切りで、シャクシャクした歯ごたえがいい。［写真10－18／10－19／10－20］

つまみに追いかけるように酒を飲むスピードも拍車がかかる。押し味が強めの極上黒松剣菱にはじまり、兵庫県山田錦を使い2年以上熟成させた酒のみをブレンドした瑞穂黒松剣菱、瑞穂の兄貴分で5年以上の熟成ブレンド瑞祥黒松剣菱などの燗酒を、かわるがわる呑み続ける我々。［写真10－21］

早々にラインナップを一周した後、デイリーな剣菱を再び温めてもらう。「ぜんぶうまいけど、結局これでいいってなる」と島岡さん。

わかる。いろいろ飲んでも最後にはいつもの酒に戻り、心と体を解きほぐすようにだらだら呑むのが私も好きだ。

10-18

やさしい出汁の播州おでん

10-19

豚バラ肉を香ばしく焼いたもの

この酒がまた、ソースがかかった濃厚な牛あぶらカス卵焼きにドンピシャリだった。やはり甘めのソースは剣菱をうまくする最強の相棒である。【写真10－22】

余談だが、剣菱には純米酒や吟醸など国が定めた「特定名称」と呼ばれる表記がほとんどない。（ちなみに原料米の表記もほぼない）

特定名称とは、1990年から開始した米の精米歩合などの製法別に分類した日本酒の呼び名で、ほとんどの蔵がこれをラベルに表記している。

「うちは特定名称ができた頃から完全に無視です」とやや苦い顔で笑いながら話す白樫さん。【写真10－23】

あえて名乗らないのは、やはり長く培ってきた剣菱の哲学が影響していた。

「特定名称を名乗るには、精米歩合を一定にしなければならないため、その年の米の出来に合わせた精米歩合にできず、酒質にブレが出てしまいます。単に今までと同じ味をつくることができないので、先代が「特定名称は諦めましょう」と決断しました」

10-20
レンコン天ぷらはかなり厚切り

10-21
さまざまな剣菱を楽しむ

特定名称を名乗るような吟醸酒をつくっていないため、明治44年（1911）からはじまった国税局が指揮をとる老舗のコンテスト、全国新酒鑑評会も無視。当初から一切出品していないそうだ。

「鑑評会ができる前の日本酒の世界では、新酒は貯蔵（熟成）の必要もない、もっとも安い酒という認識だったのですが、その価値観が変わるきっかけが明治時代。酒税が増税され、酒蔵は熟成するよりもコストがかからない、すぐに現金化できる新酒を売る必要がありました。私の憶測ですが、つくり手が酒造技術を磨く機会として機能させると同時に、新酒をより効果的に売るためのキャンペーンの一環が全国新酒鑑評会です。国に認められた金賞という箔をつける目的もあったのでは。そんななか剣菱は、全国の蔵が続々と新酒づくりにシフトしていった明治でも、やり方を変えずにスルーです」

さらに、戦後の米不足がきっかけで国が奨励していた、人工甘味料などの添加物で増量する「三倍増醸酒」も、「剣菱の味が変わるのでつくりませんでした」という。私は驚いた。かつての増量してまずくなったという噂はなんだったのか。お上が決めたことでも納得がいかないもの

10-22

甘めのソースは剣菱を
うまくする最強の相棒

10-23

「うちは特定名称、完全無視です」

は取り入れず、代々の蔵元が剣菱の哲学を貫き通してきた姿勢はすさまじい。

「剣菱のこのカッコよさね、たまらないですよ。なのに、白樫くんはそれをアピールしないんだよね。過剰なCMはしてほしくないけど、もっと世間で評価されてほしい」と島岡さん。

「すごいことしているのに、剣菱さんはどこまでも控えめっていうところがめちゃくちゃ粋でしびれます」と言う。高嶋さんは、去年は剣菱をはじめて訪問し、改めて蔵の哲学を確立することの大切さを教わったという。【写真10－24】

「売れる味や方法を考えるような、小手先のことはもうやらないって腹をくくることができたのは剣菱さんのおかげです」

「次は僕がさっき行ったバーに行きませんか？」と言う高嶋さんの提案で2軒目へ。のっしのっし歩く高嶋さんの後ろをついていくと、

10-24

日本酒を語る熱い夜

「Underground Gallery Music Bar（アンダーグラウンド ギャラリー ミュージック バー）」というバーにたどり着いた。

扉を開けて店内に入ると、私の横にいた白樫さんが「あっ」と小さく声を出した。

カウンターに剣菱の一升瓶があったのだ。【写真10-25】

洋酒ばかりのアウェーだというのに、横文字が書かれた海外の酒に見劣りすることなく、剣菱は店に溶けこんでいる。

「たまたまなのですが、剣菱があったんですよ！ だから2軒目はここにお連れしたかったんです」と高嶋さんの声が弾んだ。

再び我々は剣菱で乾杯。グラスで呑む剣菱（常温）は味が凝縮して感じられた。「ひの」で呑んだ酒と同じなのに顔が違う。食後酒としてちびちび飲むのもいい。【写真10-26】

音楽を聴きながら一同はまったりと剣菱を飲み、いよいよ宴席は最終コーナー。私はどうしても触れたかった、桶買いのことを聞いてみる。

なぜ剣菱は桶買いをはじめたのだろうか。

「創業以降、剣菱が石数を増やすにあたり、方法は3つありました。1つは酒づくりの効率をよくするために機械化すること。2つめは蔵自体

10-25

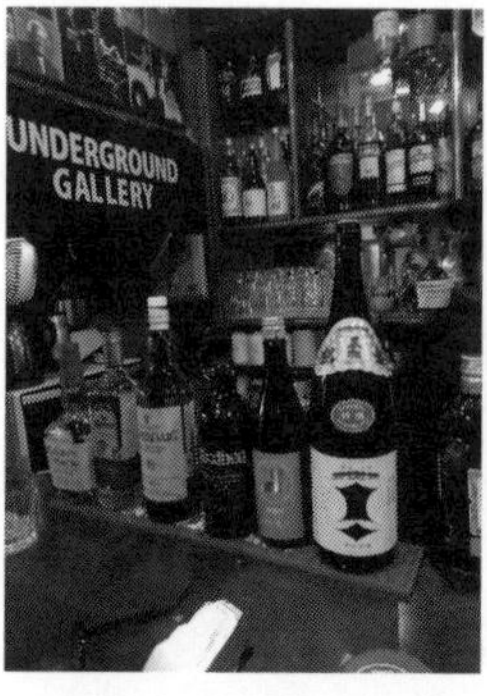

カウンターに剣菱の一升瓶、さすが地元

10-26

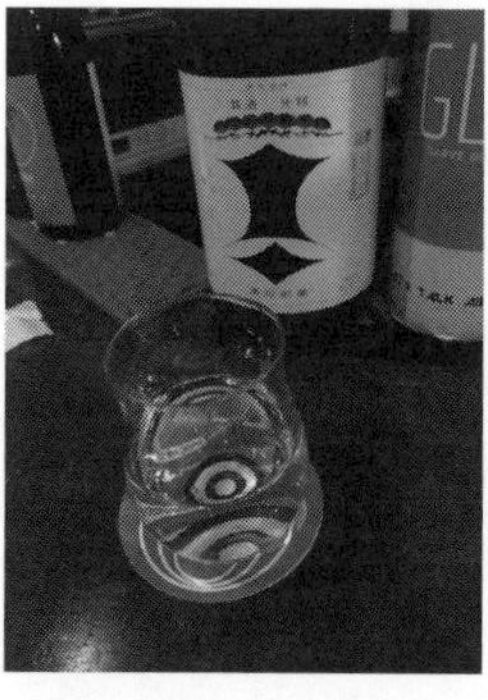
食後酒としてちびちび飲むのもいい

を増やして製造量を増やすこと。3つめが未納税の桶買いでした」

そのなかで選んだのが桶買いだった。

「酒づくりを機械化すれば必ず味が変わってしまい、新しい蔵を立てて量を増やせば時間とお金がかかり経営を考えるとリスクが大きい。杜氏やつくり手を育てるのも時間がかかるので、一旦でも酒質のレベルが落ちます。でも、酒をタンクごと買えば、各蔵のちゃんとした杜氏がつくるので酒のレベルが落ちない。さらに最終的に味が悪い酒は買わないという決断が下せます。桶買いは売る量を増やしても品質を保てる理にかなった方法だったのです」

だが、それが成功とは言い難いと白樫さんは言う。

「ブランディング的には失敗でした。蔵としては理屈に合った方法でしたが、それが世間様に受け入れられなかったので。酒を安く買い叩き、小さい酒蔵をいじめているイメージがついてしまいましたよね。桶買いは江戸時代に増石の割り当てがあった際に、割り当て以上に増石したいメーカーがはじめた昔からある手法ですが、やってよかったと思う半面、桶買いする量が多すぎました。桶買いのピークは日本酒全体も売れていた昭和50年代ですが、もう少し出荷規制するべきでした」

そんな剣菱の桶買いは昨今に転機を迎える。2019年に廃止を決めたのだ。桶買いした時代の熟成ブレンド酒は残っているものの、今後は自社製造に移行する。

「酒蔵のみなさんの生活がかかっているので、7、8年くらい桶買い廃止を先延ばしにしていました。でも酒蔵サイドの仲介者から、「無理して買ってくれているのをみなさんわかっているので、もうやめて大丈夫ですよ」と言われて決断しました。経営者としては、酒蔵のみなさんに対して申し訳ないという気持ちでいっぱいです。桶買いする酒の規格を厳しくしているうちのわがままに、今までよう付き合ってくれました」

蔵元としては「断腸の思いだった」という白樫さんに、恐る恐る廃止した理由を問う。

「酒の売り上げが下がってきているので、他の蔵の酒を買い支えられなくなったのが理由です。剣菱は古い燗酒タイプの酒ということもあり、正直ここ20年くらい売り上げがしんどかった。でも目先の売り上げを求めて吟醸酒や流行りの酒質をつくってしまったら、剣菱であり続けてきた意味がゼロになります。なので、もちろんそこは我慢して、これまで培ってきた高い技術と酒質を守ることに集中してきましたが、経営を考えると桶買いはやめざるを得なかったんです」

剣菱の家訓である「止まった時計でいろ」に忠実でいるためには、ただ止まっていればいいのではない。桶買いの廃止のように、ときに剣菱を変えないために変えていく覚悟が必要なのだ。

「剣菱を維持していくためになにが必要なのか、ずっと考え続けています。桶のタガが必要だから竹林も買うし、道具をつくる専門の職人も雇う。酒造技術も同じです。剣菱の技術はある意味、追求しきった技術でブラッシュアップの必要はありません。でも、それを続けるのは簡単ではない。気温も少しずつ変化してきていますし、米の状態も年ごとに変わるので、同じ味をデータ化せずに再現するのってすごくむずかしいのです。頼れるのは経験という記憶媒体だけです。同じ酒づくりを繰り返すなかで、変化が生じたときにどうすればいいのか、これからも常に解決法を模索していきます」

ふと白樫さんが静かに言葉をこぼした。

「代々の白樫家のなかで、もっとも売れていないのが私の時代です。これは先祖に対して申し訳ないと言うしかありません」

私は返す言葉が見つからずに黙る。が、続く蔵元の声色は暗くなかった。

「今の時代、古いタイプの剣菱がすぐに売れないことは前々から織り込み済みです。ただ、希望がないわけではありません。今日話したように、どんな料理にも合いやすい剣菱は今和でも必ず需要があるはずですし、ここ数年は都心部で燗酒に火がついてきているのがうれしい。何年かかっても売れるまで、変わらない剣菱をつくり続けるだけです」

蔵元と行った酒場

・**播州地酒 ひの**　兵庫県神戸市中央区北長狭通2－4－7朧西ビル4F

店名通り剣菱をはじめとした播州の地酒がたっぷり味わえる酒場。旬の素材を使ったつまみがとことん剣菱を進ませる。酒の世界にどっぷり浸ってほしい。

・**Underground Gallery Music Bar**　兵庫県神戸市中央区北長狭通2－8－11 2F

心地いい音楽とお酒を楽しめる隠れ家的なバー。剣菱をグラスでちびちび飲みながら音に耳を傾けたい。もちろん他の酒類も豊富。

蔵元おすすめの立ち寄り処

・**灘五郷酒所**　兵庫県神戸市東灘区御影本町3－11－2

剣菱酒造が蔵を改装しプロデュースした灘五郷の酒が飲める立ち飲み屋。「灘五郷のなかで剣菱は後進に近い蔵です。灘の酒蔵に対しては伊丹から来た我々を仲間に入れてくれた恩があり、飲み屋をつくるときは灘五郷の酒をぜんぶ入れると決めていました。それにぜんぶ呑めたほうが楽しいでしょう」と白樫さん。営業日は金土日祝のみ。

・**にしむら珈琲店 御影店**　兵庫県神戸市東灘区御影2-9-8

宮水（硬水）で入れた珈琲が味わえる。現在、宮水は酒造会社以外使用禁止だが、ここは異例の店。白樫さんいわく、宮水で淹れた珈琲は苦みがエレガントになるとのこと。

・**美よ志**　兵庫県神戸市東灘区御影本町2-15-18

阪神御影駅前の立ち飲み屋。古き良き時代の角打ちで、剣菱をはじめとする灘五郷の酒が味わえる。酒が進むつまみもおいしい。

・**かね徳 芦屋工房本店**　兵庫県芦屋市業平町4-1イム・エメロード1F

JR芦屋駅の南側にある生珍味屋。白樫さんもよく購入するというおもしろい珍味を揃える。もちろん剣菱にもぴったり。

11

気温・水・微生物、自然の摂理に逆らわない酒づくり

神雷（しんらい）　三輪酒造　◎広島県神石郡神石高原町

同じ銘柄を毎年のように飲み続けていると酒が「整った」と感じるときがある。原料や製法などのスペックは関係ない。それは、わからないあるいは気がつかなかったことがストンと腑に落ちる感覚に似ている。モヤモヤした霧が晴れるように視界が開けていく感覚にも近い。そういうときは自然と神聖な気持ちになり思わず手を合わせる。人智を超えたものが酒に宿ったかのようだ。

整った酒は体に浸透するスピードが早く、違和感がなさすぎて飲めば飲むほど気持ちよくなる。私は、どんなにいい酒でもチェイサーをたくさん飲んでも度がすぎれば翌日に体

がだるくなる体質。が、こういう酒は別格だ。寝る前に飲みすぎたと反省しても次の日はケロリとしている。いまだにふしぎである。

ある日の深夜1時にもふしぎな現象が起こった。酒を飲む仕事を終えてくたくたで帰宅し、寝酒に一杯だけ飲もうと適当に手を伸ばした常温酒がそう。「神雷」の生酛である。この酒は広島酒をこよなく愛する知人のS氏にもらった一升瓶。開封してから1カ月くらいは放置しただろうか。飲んだ瞬間、酔っぱらってボーッとした頭が覚醒。まさに「整った」と感じたのだ。【写真11－1】

神雷は飲み続けて10年は経つ愛飲酒だが、特に気に入っているのは生酛ではない。それなのになぜだろう。

いつも飲むのは速醸酛の三温至福という純米酒である。やや重心の低い旨みと苦みや酸味などの複雑な味わいが持ち味だが、透明感があり余韻はやわらか。冷酒から燗酒まで幅広い温度で楽しめるのがいい。名前の通り飲むたびに幸せな気持ちにさせてくれる酒だ。

一方で生酛は飲んだことはあるが、私のなかで今ひとつピンときたことはなかった。蔵元杜氏の三輪裕治さんは近ごろ生酛づくりに力を入れ

11-1

酒が「整った」と感じるときがある

ているとは知っていたが、これはどういうことなのだろう。

都内の桜が散りはじめた4月の上旬。私は東海道・山陽新幹線のぞみ号に乗り、三輪さんと待ち合わせをしている福山駅を目指した。ここから三輪酒造までは車で約1時間。神石高原町行きのバスも一応あるらしいのだが本数が少なく、ましてや酒蔵を目指すためには車以外の交通手段はない。私は車の免許を持っていないため、当初はどうやって蔵まで行こうか悩んでいたが「福山駅に車で迎えに行きますよ」という彼の言葉に申し訳なくも素直に甘えることにした。

昼すぎに福山駅に着く。改札口に近づくと遠くに三輪さんが見えた。駆け寄ると「おひさしぶりです」と笑う。これまで記事を執筆するために電話取材をしたりメールでやり取りしたりすることはあったが、会うのは10年ぶりだった。

すぐに三輪さんの車に乗り、国道182号線をひたすら走る。福山駅が遠ざかるにつれ緑が濃くなってきた。前後を走る車もまばらになってくる。車が止まる回数も徐々に減り走るスピードが増す。信号がないのだ。

「僕は車の運転が好きなんですよ。信号がなくてスイスイ走れるこの道はいつ通っても最高です」と三輪さんは言う。走っても走っても周囲は山々である。なんてのどかなところだろう。実は以前も神雷へ車で連れて行ってもらったが、なんせ10年前のことだ。こんなにずっと山だらけの道だったのか。記憶が薄らいでいる。

はじめて来たような新鮮な気持ちで三輪さんとおしゃべりをしていたら、あっという間に蔵に着いた。後方に松の木が見える立派な門構えだ。車を降りて蔵のなかに入ると、神雷と書かれた大きいタンクが置かれていた。これは見覚えがある。［写真11-2／11-3］

畳の座敷に案内され、しばらくすると奥様が温かい茶を運んできた。喉が渇いていたのですぐ口にしたのだが目が点になる。ものすごくおいしい。私は毎朝、時間をかけて茶葉から淹れるほど緑茶が好きだがその比ではない。茶の味がまろやかで濃厚だ。驚きを伝えると、「うちでお茶を出すとみなさんがそう言ってくれるんですよ。水についてはあとで詳しく説明しますが酒づくりにも使っています」と言う。前に来たときは唎き酒しかしなかったことを思い出したが、このタイミングで取材を

11-2

立派な門構えである

11-3

開始する。

彼は蔵の歴史から語りはじめた。

三輪酒造は享保元年（1716）に創業。神雷の銘柄は、神が宿るという意味を持つ地名の神石と、昔々酒蔵に雷が落ちたが大過がなかった言い伝えから命名されたという。もともと自然環境に恵まれていた土地だと教えてくれた。

「どの土地でも100年に一度は災害が起こりますが、ここはそういう被害がほとんどありません。うちの蔵は坂町に位置しているので少し傾いているため水の流れ等、作業性は悪いところがありますが災害がないだけありがたいです。蔵が300年も続いてきたのはそれも大きいのではないでしょうか」

広島県でもっとも気温が低い寒冷地域というのも、酒づくりには有利だろう。

「標高も広島のなかではいちばん高く、平均気温は秋田県と同じくらいです。しかも豪雪地帯ではないので冬もわりと空気が乾いています。僕が目指すきれいな味になりやすい低温発酵に向いていますね」

ここで気候について興味深い話をしてくれた。

「この間、気象庁や地元・油木町のホームページなどで過去の平均気温を調べたら、神石高原町は明治時代に比べて気温が下がっていたんですよ。世間では温暖化と言われているのにびっくりしてしまって。おもしろいことにうちは明治より今のほうが寒いんです。神石高原は、都市化で起こるヒートアイランド現象の影響を受けていない奇跡の土地なんだなと思いました」

良質な水を潤沢に使えるところも奇跡と言っていい。

「使える井戸水は2つあります。ひとつは蔵の裏山にある深さ15メートル浅井戸から引いて来た軟水で、先ほど飲んでいただいたお茶はこの水で淹れたんですよ。もうひとつは蔵の地下50メートルから汲みあげる水で、裏山の水よりもちょっと硬い中硬水。酒づくりでは2つの水を使いわけています。発酵は硬度が高い水のほうが向いているので、蔵地下の中硬水は酒母ともろみづくりの初添え（三段仕込みの1回目）や仲添え（2回目）に使い、留仕込み（3回目）とアルコール度数を調整する割り水は口当たりのよい軟水を使っています。酒づくりだけではなく、ありがたいことに我が家では水道を一応は引いていますが、井戸水だけで生活しています。贅沢ですよね」

つくり手の努力だけでは得ることができない自然環境が、三輪酒造にはあらかじめ揃っていた。蔵のある土地が持って生まれた日本酒づくりの才能である。だからこそ、三輪さんはこう考えた。

「神石高原町の酒づくりってなんなのかを考えたのですが、酒は環境から授かるものだという答えにたどり着きました。神雷は「米味が豊かで清涼感がある酒」をテーマにつくっていますが、味のベースにあるのはあくまでも環境です。僕がこうしたいとか売れるからとかではなく、そういう自然の摂理に寄り添った酒をつくるのがベストだと考えました」

また、それを「淀みない酒」と三輪さんは言葉にする。

「子供に例えると、スポーツをやりたいのに勉強することばかり強要していたら心が淀むじゃないですか。酒も一緒で相反することをするのではなく、酒蔵の建物と環境から自然にできる酒を目指したいです。それに酒の方向性は360度あってどちらを向いてもいいけど、まず円の中心をちゃんと定めないとグラグラしていけんでしょう。その中心が僕からすれば環境なのです」

そんな彼の思想をいちばん反映できるのが生酛づくりだろう。自然界のあらゆる微生物を取り込んで最終的に天然の乳酸をつくり、酵母を培養するベースを整える生酛づくりは、自然の摂理を生かさずに完成させることはできない。

「理論的に説明すると、生酛とは単純でなにかの容器に米や米麹、水を入れてよくかき回せばできるものです。でも、どうやっても家庭ではできませんよね。でも酒蔵だったら生酛になり酒になる。つくり手の存在以上に自然や環境の影響が大きいと思いませんか」【写真11-4】

それだけに三輪さんは蔵に浮遊する微生物との付き合いを大事にする。清掃は徹底するが、必要以上に雑菌のたぐいを排除することはしない。一例を挙げると近年つくり手の間で定番になってきている、麹室で使う食品衛生用のブルー手袋を使うことはしないという。【写真11-5】

「僕はあれ嫌いですね。なんでもかんでも菌を排除するのってどうなんだろう。蔵を清潔に保つことは大事ですが滅菌はしたくない。人間が菌の良い悪いを決めちゃいけないって思う。発酵っていろんな菌がいて成り立っているものではないでしょうか」

また、全量を泡あり酵母で発酵させるのも微生物を間近で感じるためだ。泡あり酵母はタンク上部のへりにもろみの泡がつきやすいのが難点。常にぬかりなく掃除をしないと雑菌の温床になるため、昨今は泡なし酵母が主流になってきているのだが、神雷はそれと逆行している。

「泡あり酵母のほうが自然な発酵ですよ。僕にとってはデフォルトです。

11-4

酛すりの仕草をしながら説明する蔵元

11-5

麹室、必要以上に雑菌のたぐいを排除しない

それに見た目がわかりやすいのもいい。簡単に説明すると、泡がモコモコと上がってきたら酵母が活動している証拠で、タンクの下では糖化が無事に進んでいる目安になります。あとは泡が落ちたら一気に発酵が終わる合図ですね。泡の状態も水泡とか筋泡とか時々でいろいろあるのがおもしろくて、生きているって感じがするじゃないですか。ある程度は温度管理をしますが、基本的には微生物を信じて成りゆき任せですね」

と言っても、発酵に向かない菌を野放図にさせるようなつくり方では質の高い酒はできないだろう。そこが酒づくりの難しいところだ。

「まさにそうなんですが、さまざまな菌のバランスを取るのがつくり手の技術です。発酵具合を見てたまにハラハラするときもありますが、信じるものは救われる、ですよ。あくせくせずに大船に乗ったような精神でつくるのは大事ですね」

酒づくりの話がひと通り終わり、蔵を出た我々は近所にある鶴亀山八幡神社へ向かう。ここは千年以上の歴史がある古い神社で、三輪さんがお気に入りの場所だという。神社のそばまで行くと境内は異空間だということが外側からなんとなく伝わってきた。華美な装

飾がないところを見ると明らかに観光客は意識していない。地元民のためだけにあるような神社である。［写真11－6］

慎重に鳥居をくぐると空気が透明に変わった。参道には樹齢７００年を越すという御神木（杉）がずらりと並ぶ。その一つ一つをじっくり仰ぎ見ながら拝殿に向かって歩いていると、体が軽くなっていくような感覚をおぼえた。精霊が「いる」と感じた神聖な空間だ。方々から見守られているような視線を感じる。私は思わずなんども立ち止まって目を閉じた。御神木の枝葉がさわさわと風になびく音がする。ふと神雷を飲んだときの感覚を思い出した。［写真11－7］

しばらく神社の空気を味わい蔵へ戻る。のんびり歩いていると、前方にタヌキのようなまるっこい動物が丘をせわしなくのぼっていくのが見えた。

「ここら辺を朝散歩しているとカモシカに出くわすこともありますよ」と三輪さんは笑う。三輪酒造があるのは、微生物だけでなく野生の動物も自然に暮らす土地だった。

11-6
鶴亀山八幡神社、三輪さんのお気に入り

11-7
参道には御神木がずらりと並ぶ、神聖な空間

日が暮れかかってきた。蔵の近くには夜じっくり神雷を飲める店がないそうで、我々は再び福山へ向かう。今度は奥様が運転してくれた。車内では彼女に思い切って三輪さんとの馴れ初めを聞いてみる。

「お見合いに近い形で出会いました。私は岡山出身なのですが、知り合いのおばさんから酒蔵の人がいるから会ってみる?って聞かれて」と言う。

三輪さんは大学卒業後に一般企業に就職後、蔵に戻ってきたのは２００５年。２人は２００８年に出会い翌年に結婚したという。失礼ながらちょっと意外だった。三輪さんはいつも控えめで、自分から積極的に喋らない無口で奥手な印象があったからだ。出会いから結婚までのスピードが早いのが気になる。

「最初からけっこう喋ったよねえ。無口じゃなかったですよ」と彼女は笑う。ちなみに奥様は、人を包み込むようなおっとりした優しい雰囲気の素敵な女性である。奥手な三輪さんでも初対面から意気投合したのだろう。

「あとは蔵元のお父さんやお母さんがナチュラルな人でそこが大きかったですね。威張っていたり怖い人だったらちょっと無理かなって思っていたんですが。おかげで蔵に嫁ぐ気負いはありませんでした」と言う。

三輪さんは照れた様子で「いやよくうちに来てくれましたよ」と言いつつ、自らの性格を隠さず教えてくれた。

「奥さんには最初から心を開けたんですよね。今も人によっては初対面で話すのが苦手です。知らない人が密集しているところなんかも正直しんどい。ほんとはそこらへんの対応がうまくできればもっと酒が売れるのだと思いますが、これぱっかりはどうしようもない性分なので……家族にはすみませんと言うしかないですね」

返す言葉を考えながらこっそり車内前方のミラーをのぞくと、奥様は黙ってやわらかい笑みを浮かべていた。２人の温かい無言のやり取りである。胸がジーンとした私は、「酒がうまければそれだけでいい」と言わずにはいられなかった。神雷はつくり手がわざわざ説明しなくても、飲んだだけで人を惹きつける魅力がある。その魅力が私を神石高原町まで引っ張ったのだ。

しばらくしてあたりが真っ暗になった頃、福山駅に到着した。車を降りて向かったのは、三輪さんがおすすめする和食屋「夜咄（よばなし）」だ。

「店主の石岡さんはちょっとやんちゃな雰囲気がありますが、腕のいい料理人です。福山でも指折りの店ですよ」と言う。

店内に入り個室に案内される。さっそくビールで乾杯。運転手のためノンアルコールの奥様に詫びながらビールを飲み干し、神雷を飲む体制を整える。

お通しが運ばれてきた。タケノコの吸い物とアジのぬたである。お通しのレベルが高すぎる。最初からエンジン全開で飲んでしまうつまみだ。

【写真11－8】

酒は生酛の酵母無添加のチャレンジシリーズ「Voyager」からいただく。酒蔵を未知な宇宙とイメージし、蔵を探索して採取した蔵つきの酵母で醸したのが特徴。開封してすぐということもありカッチリとドライ

11-8

タケノコの吸い物とアジのぬた

な味わいだ。タケノコのえぐみや苦みと合う。アルコール度数が17度〜18度もあるため、もっと力強い味を想像していたが意外に軽くするりと飲める。［写真11－9］

マダイやタチウオの刺身が来たタイミングで、神雷では定番の2種類の純米酒（速醸酛）を開けた。いずれも広島の酒米である。まずは千本錦から。ふっくらとした旨みがいい。続けて飲んだ八反錦は軽快でシャキッとした酸味が持ち味である。刺身の磯風味に合わせるならばこっちのほうが私は好きだ。［写真11－10／11－11／11－12］

「レギュラーの純米酒って前はもっと濃くてごつかったよね」と奥様が指摘すると、三輪さんはうなずいた。

「僕が蔵に帰って来てから10年は親父が杜氏をしていました。普通酒が多かったし毎年つくり方も仕込み配合も変えない方針で。父はすでに60代だったのでそういう時代だったんですよね。僕は父の下で悶々と修行していたわけですが、同世代の賀茂金秀や宝剣は新しいブランドで自分の好きな酒をつくっていて、すごく羨ましかった。酒販店さんには僕が営業に行っていたんですが、いろいろとアドバイスをされてもフィード

11-9

意外にするりと飲める

バックができないので、当時はもどかしかったですね」

ようやく杜氏になったのは２０１６年。杜氏として日本酒をつくったのはまだ8度である。

「神雷の味を確立するのはこれからです。とはいえ蔵でなんども伝えたように酒の本質的な部分は僕がつくるのではない。自分はその手伝いをする程度です。あの、どんなにいい酒をつくれたとしても醸造の天才はいないと思っていて。経営者の天才はいるかもしれませんが醸造はありえない。日本酒は環境や自然の摂理から授かるギフトですから」

三輪さんはそう話しつつ木桶仕込みの生酛をグラスに注いでくれた。２０２０年から挑戦している木桶で醸す酒で酵母は無添加。口当たりがやわらかく複雑で繊細な余韻が長い。素直にうまい酒だった。私はもっと熟成させてみたくなる。寝かせたら味わいが深くなりそうだ。【写真11-13】

「僕は生酛至上主義じゃないので神雷は速醸酛でも酒をつくりますが、なんていうのかな、生酛はつくっていてすごく心地いい。自分が解放されて自由になり、脳内からドーパミンがドバドバ出るんですよ（笑）。山

11-10

刺身に千本錦と八反錦をあわせる

11-11

11-12

のなかを歩いているときみたいな気持ちいい感覚に似ているかも。微生物と一体になるってこういう感覚なのだと気づかされます」

つくり手と微生物が溶け合った酒は私の体に淀みなく沁みた。

蔵元と行った酒場

・和食屋 夜咄 広島県福山市昭和町10-25
旬の素材を使う、日本酒がバッチリ進む料理が豊富。神雷は冷酒だけではなく、絶妙につけてくれる燗酒もおすすめ。迷ったときはおまかせコースを注文したい。

蔵元おすすめの立ち寄り処

・道の駅 さんわ182ステーション 広島県神石郡神石高原町坂瀬川5146-2
三輪酒造に行く途中にある道の駅。地元の人も足繁く通うというだ

11-13

寝かせたら味わい深くなりそう

けあり、地場産の野菜や加工品が手頃な値段で買える。なかでも筆者イチ押しは神雷の並びにある神龍味噌や、在来種の蒟蒻芋を使った刺身コンニャクはぜひ購入したい。

・**酒のマエダ 立呑屋shuvo** 広島県福山市元町7-6

厳選された地酒を販売する酒のマエダが営む立ち呑み屋。手軽な値段でうまい酒とつまみが楽しめる。福山で飲む際は一軒目または締めに立ち寄りたい。

・**雪花亭** 広島県神石郡神石高原町安田684

落ち着いた素敵な古民家で味わえる手打ち蕎麦がうまい店。提供までに時間がかかることがあるが、神雷を飲みながらそば豆腐や焼き味噌などの肴を楽しみ、蕎麦で締めるのが最高。予約不可。「開店と同時に入店するのがポイント」と蔵元。

・**季節料理 藤井** 広島県福山市千田町3-52-24

蔵元と筆者がランチに行った店。品よく盛られた小鉢や刺身、天ぷらなど和食の御膳がおいしい。手間をかけた一品料理が味わえる夜もおすすめ。

12

きれいな喉越しをつくる「健全な発酵」

賀茂金秀（かもきんしゅう） 金光酒造 ◎広島県東広島市

酒蔵に行くきっかけはときに突発的だ。行きたいという自分の意思だけが強く作用する場合もあるが、日本酒は往々にして思ってもみなかった酒縁を引き寄せる。それはとつぜん行き先を変更させられるようなもので、前置きなどなく唐突なことが多い。

ある日、私は五反田にある「ほじゃひ」という広島だけの日本酒を揃える店を目指していた。理由は単純。訪問が決まっていた広島の三輪酒造（神雷）へ行く前に改めて酒を飲もうと考えていたのだ。だが、店に行ってみると神雷は売り切れているという。この店にはなんどか来たことがあるが、神雷（二一〇頁参照）が飲めないということは一度もなかった。

どうしよう。当てが外れた私がなにを飲もうか迷っていると店主が言う。

「一杯目に賀茂金秀はどうでしょう」

私は喜んで即決。この酒ならばいつも酒質が安定しているので間違いない。お願いすると、堅物そうな若い男子がぎこちない手つきでグラスに酒を注いでくれた。酒は表面張力で今にもグラスからこぼれそう。私は慌てて口から酒を迎えに行く。うまい。ふわりと米のやさしい甘みが口に広がった。13度だけありするする飲める。それにしても酒を注いでくれた彼はまだ学生だろうか。ずいぶん初々しい子だなあと思っていたら、

「実は彼がカモキン（賀茂金秀）のジュニアなんです。今度20歳になるんですよ」と横にいた店主が言う。【写真12－1】

え、息子なのか。私は急にジュニアの父の蔵元杜氏・金光秀起さんの顔をフラッシュバックのように思い出す。

「賀茂金秀」を訪ねたのは約10年前。広島の酒販店「大和屋酒舗」のO社長に車で連れて行ってもらったのが最初だ。ちょうどそのときは、（スペックは違うが）まさに今飲んでいる13度の酒ができたばかりの頃。唎き

12-1

「彼が賀茂金秀のジュニアなんです」

酒をさせてもらいおいしくて唸った記憶がある。【写真12－2】

　ピンときた私は、この酒縁を逃してはいけないのではないかと心が揺さぶられた。神雷へ旅に行った翌日はちょうど予定がなく時間はある。翌々日は夕方までに東京へ帰ればいいというタイミングだった。蔵元さえよければ泊まりで行ける！

　しかし、蔵元と連絡を取るのも10年ぶり。伺える日にちもピンポイントで神雷の「ついでに行く」感は否めない。そういうつもりはなくても今回の状況をどう説明しよう。いきなり説明したところで蔵元は首をかしげるはず。失礼にあたらないだろうか。と、自問自答しながら賀茂金秀をもう一杯。やはり酒の味がすごくいい。よし、と私の腹は決まる。この機運を逃す手はないだろう。

　ええいままよ、と勢いで蔵元に連絡。ご無沙汰している挨拶にはじまり、今回のくだりや希望の日にちとともに「地元の呉に泊まるので可能であれば夜のお酒もご一緒したいです」といった長文のメールを送った。

　あとはなるようになるしかない。そう私はひと息ついたのだが、日本酒好きな広島県人ならば、先ほど書いたカギカッコの部分にギョッとす

12-2

約10年前、唎き酒をさせてもらった

るだろう。ひさびさに連絡した上に図々しいお願いをつけたというのに、勢いあまって私は失態をしでかしてしまったのだ。なんと失礼なメールを送ってしまったのだろうと後悔することになるのだが、ひとまず蔵元からの返事を待った。

ほどなくして返信があった。蔵元によると希望の日は蒸米の作業を全て終える甑倒しで、蔵見学は午後ならOK、さらに夜もなんとか一緒に飲めるとのこと。甑倒しの日は蔵人と宴会するイメージを持っていた私は、そこにお邪魔するのもありだな、と思いつきメールを返した。すると金光さんは、「甑倒しの宴会は別日にします。呉に泊まるのでしたら相原さん（雨後の月の蔵元・相原準一郎さん）にも声かけましょうか?」と返してきた。

そういえば10年前に賀茂金秀へ行ったあと、「雨後の月」にも立ち寄ったことを思い出す。相原さんにもずいぶん会っていない。前著『夜ふけの酒評』でも紹介したほど雨後の月も好きな酒だ。それはとってもうれしい提案。

でも、急に出てきた相原さんの名前に少しだけ戸惑う。雨後の月の蔵元に会わずして呉の地は踏めないのか。とたんに私の脳内には呉を舞台にした映画『仁義なき戦い』のテーマ曲が鳴った。確かに雨後の月は広島のドンと呼ばれている存在。そりゃそうだろう。金光さんに「ぜひお願いします」と返答し、呉のホテルや賀茂金秀へ行く交通手段を検索しつつ、当日の段取りを練ろうとパソコンに向かった。

そして、私は愕然とする。賀茂金秀の地元は呉ではない！サーッと血の気が引いていく。まったくなんて初歩的なミスだろう。なにをどう勘違いしたのか、10年前の記憶では雨後の月とともに賀茂金秀も呉ということになっていた。違う違う。賀茂金秀があるのは東広島である。事前に調べてメールを送ればよかったのにただのアホだ。焦った私はすぐに金光さんに平謝りのメールを送ると、「気を使っていただきありがとうございます。うちと一緒に呉を案内するのは多々ありますので気になされないでください」とやさしすぎる返信がきた。蔵元に申し訳ないやら自分の失態が情けないやら。慌てて相原さんにも（10年ぶりに！）お詫びのメールを送ると、夜に飲む店は予約済みで蔵見学の時間は金光くんと打ち合わせします、といった返事をいただいた。

というわけで、蔵元たちの多大なご厚意により、私はトントン拍子に運よく東広島と呉の蔵へ行けることになった。

日差しが強い快晴の日である。私は広島駅から新幹線に乗り東広島駅に降り立った。少しすると金光さんが車に乗ってやってきた。まずは改めて自分の失態を謝ると「いえいいえ

気にしていませんよ」と笑う。

　さっそく助手席に乗り発車。田んぼが広がるのんびりした光景のなか国道375号線をひた走る。

「今日はうちの蔵を見てもらったあと、僕の車で一緒に相原さんの蔵に行きましょう。そのあとは呉で一緒に飲むという段取りです」と金光さん。またとない僥倖（ぎょうこう）だ。しっかり堪能しようと私はお腹の丹田に力を入れる。

　約15分で蔵に到着し、パッと車を降りる。次は雨後の月に行くため滞在時間は限られている。少し駆け足で蔵見学がはじまった。【写真12－3】

　まず駐車場の目の前にある井戸水に案内してもらう。「うちの仕込み水は中硬水です」と言う。硬度が高い水は軟水に比べてミネラル感があるのが特徴。賀茂金秀からどことなく感じる端正な味はこの水も影響を与えている。【写真12－4】

　趣のある建物の扉を開け蔵内へ入り、麹室に案内された。ここで蔵元が珍しい機械を指差す

「これは特注の麹室の湿度管理ができるオリジナルの機械です。うちの

12-3 
少し駆け足で蔵見学がはじまった

スタッフたちの発想から生まれたものなのですが、湿度こそ麹菌の生育にとって大事だと思っていて。その湿度は35％くらいですかね。ファンがついていて設定した35％の湿度になるよう、うまく外気を取り込んでくれる仕組みです。湿度管理をすることで麹の温度（品温）が安定するんですよ」［写真12－5］

湿度への着目は、今まで一般的だったつくりかたを見直すきっかけになったという。

「突き破精（米の中心部に麹菌を食い込ませた状態）にするために、品温の最高温度が42、43度になったら米を乾かすのが基本だったのですが、そこまでしなくていいんじゃないかと気がつきました。むしろ乾かしすぎていたくらいです。前は乾かすと米の品温が下がるから麹室の温度を上げたりするような、ややこしいことやっていましたね。適切な湿度を麹室に与えることで、十分に突き破精の麹をつくることができるようになりました」

麹菌を振った蒸米をどのような状態にしたらいいのかは、気候風土によって異なり、酒蔵の数だけ答えがある。ざっくり麹菌を生やすところ

12-4

仕込みに使う井戸、中硬水とのこと

12-5

特注した、麹室の湿度管理ができる機械

もあれば、細い糸で布を縫うように緻密に麹菌を生育させるところなど、つくり手の裁量が問われる工程だ。どちらかというと賀茂金秀の麹づくりは後者だろう。この麹づくり一つ取っても伝わってくるように、微々たることでも突き詰める姿勢がこの蔵の特徴である。それは、酒（もろみ）が完成したあとの工程もそうだ。

「お酒の質を分けるのは搾ったあとの処理を適切にするかしないかです。ここがダメだとせっかくできたいい酒も台無しになります。例えば上槽。うちは自動圧搾機で酒を搾りますが、作業部屋の温度はだいたい2度です。この辺りは温暖な西日本であるがゆえに低い温度に設定しないと、酒を濾過する布がカビたりします。お腹は壊さない雑菌ですがピンク色のバクテリアがつくんですよ。こういうのも細かくきれいにしないと酒がまずくなります」

そして、搾った酒はすぐに0度近くのサーマルタンク（ホーロータンクに温度管理機能がついたもの）に入れて瓶詰め。さらに最低3日後には適切に加熱殺菌の火入れをする。この火入れこそが賀茂金秀の真骨頂だろう。【写真12－6】

「稼働していないのでわかりにくいですがこれがなかなか優秀で。プールみたいな水のなかに、瓶を入れたP箱ごと入れて蓋をします。で、ボタンを押すと水が温まるので自動で加熱殺菌ができる仕組みです。それだけではなく、加熱殺菌が終わったら湯を回収し、今度は上から冷水がかかるようになっています。要するに火入れと冷却を早いスピードで同時にできるんです。これがうちのいちばんの特徴ですね」

この火入れの技術は賀茂金秀の酒質によく表れている。特に口開け。ピチピチとガス感がありフレッシュなのだ。

「ガスは硬水のほうが残りやすいので水の質が影響を与えています。狙ってつくったわけではないんですよ。ガスっ気が残る酒ができたのは20年前かな。鮮度を保ったままで飲んでもらうためにいろいろと試行錯誤した結果、ガスが残っていただけです」

微発泡は水という風土の産物でもあった。だからこそ賀茂金秀のガス感は自然な味わいがするのだろう。近年は人気もあるため発泡系の日本酒が増えているが、なかには無理にガスを持たせたような酒もある。そういう酒はどこか味のバランスが悪く、ひどいと炭酸がぬけたあとは甘ったるくなりとても飲めた代物ではなくなる。

「そういうガスを残すためにはどうやったらいいですかってよく聞かれますが、それはちょっと違うんじゃないかなと思う。先ほども言ったよ

12-6

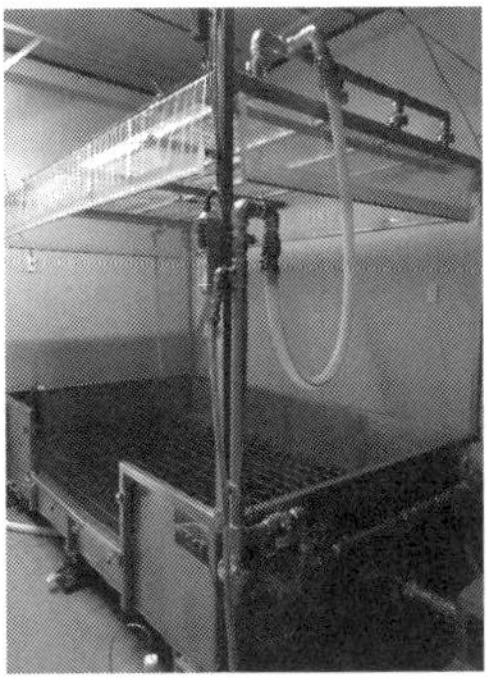

火入れこそが賀茂金秀の真骨頂

うに僕はフレッシュな酒をつくろうとした結果、ガスが残った状態になりました。無理にガスを残す目的でつくると酒質のバランスが崩れるというか、味がブレる気がします」

うれしい唎き酒の時間がやってきた。こぢんまりした事務室みたいな部屋に入りすぐに記憶がよみがえった。ここは初訪問の際に13度の酒を口にした部屋である。

今回も13度から開封してもらう。一合は入る大きな唎き猪口に注ぐと、きめ細かい気泡が広がった。口に含むとガスが心地よく舌を刺激する。上品な甘みもスッキリした喉ごしもいい。【写真12－7／12－8】

続いて純米吟醸（広島の雄町米×岡山の赤磐雄町米）や純米酒（広島の雄町米×八反錦）もいただく。これもほのかに発泡感あり。どちらもドライで五味がまっすぐ喉元まで伸びてくる。

「口開けは味が硬く感じるのでそれは考慮してもらえるとありがたい」

12-7 
13度から開封してもらう

12-8 
うれしい唎き酒の時間がやってきた

と蔵元は言う。が、私はその硬さがむしろシュワシュワと合う気がした。開けたてのオメデタ感が漂うみずみずしさだ。それにこれだけカッチリしていたら開封後も味がダレることはないだろう。思えば今まで賀茂金秀を酒場で飲み、酒質が崩れていることは一度もなかった。瓶底に残る最後の一杯でもバランスよく味が整っている。余韻がうつくしいのだ。【写真12－9】

「できればいつ飲んでも余韻がもたつかないような酒でありたい。そこはきれいに喉を通してあげたいなあと思う。そうするためには健全な発酵が大切です。酵母は最後、自分が出したアルコールで死滅するのですが、そのタイミングで上槽しないと酒が重くなりますね。死滅したのに発酵を引っ張ると、酵母が自己消化するアミノ酸が増えてくどい味になってしまいます」【写真12－10】

まだまだ飲んでいたいが出発の時間が迫ってきた。猪口に残った酒をぐいっと飲み干し、蔵を出る。隣に併設されている直売店で酒をいくつか購入し、また金光さんの車に乗り込んだ。【写真12－11／12－12】

12-9

続いて純米吟醸と純米酒

12-10

発酵の経過表を見る蔵元

雨後の月へは車で約30分。その間に蔵元と話の続きをする。

金光酒造の創業は明治13年（1880）。農業が盛んで米が豊富に採れたことから初代が蔵を設立した。金光さんで5代目を数える。

彼は東京農業大学を卒業後、1998年に23歳で蔵に戻り家業を手伝うように。当時は「桜吹雪」という銘柄のみをつくっていた。糖類をブレンドした普通酒が中心である。しかも今では耳慣れない「液化仕込み」という製法を採用していた。

「僕が蔵に戻ったときはそれでつくった酒が全量でした。液化仕込みとは、生米や米を糖化できる酵素剤と水をタンクのなかに入れ、70度の高温で撹拌していくと酒ができる方法です。これができる機械は1994年に入れたようです。杜氏の高齢化や蔵人不足が背景にありますが、その頃は流行っていたみたいですね。手間もかからないし粕歩合（酒を搾ったあとに残る粕の比率）も一桁とかで利益率もいい。酒はアミノ酸の量が少

12-11

隣に併設されている直売店

12-12

なくてすごく軽い味でした」

そんな状況はしばらく続いたが、売り上げは下がる一方だったという。

「なんとかしようと考えても、取引先のほとんどは保存環境が悪い酒屋で、なのに日付が古くなったとか色がついたとかの理由で返品してくるんですよ。もうそれが耐えきれなくなりました」

そのタイミングで知ったのが雑誌『dancyu』の日本酒特集である。ページをめくり、金光さんは希望を見出した。

「ちゃんと冷蔵庫で保存してくれる酒屋さんがいることを知りました。私の酒はこういうところに扱ってほしい、いや扱ってもらわないと未来がないと思いました。では、扱ってもらえるのはどのような酒なのかを考えると、とにかくうまい酒をつくるという発想に至りました」

まず液化仕込みは廃止し、純米酒などの特定名称酒づくりにシフトする。全ての工程を洗い直し、少しずつ酒質を上げていった。その成果は今の酒を飲めばすぐにわかるだろう。現在は「カモキン」の愛称で日本酒ファンに親しまれ、日本酒業界の人たちの評価も高い。近年は輸出も好評だ。特に13度の需要が高く、コロナ禍も輸出のおかげで数字はさほど落ちなかったという。時間が経っても味崩れしない、賀茂金秀のおいしさに驚く外国人の顔が目に浮かぶようだ。しかしながら、国内で賀茂金秀のよさを理解する飲み手はまだ少ない気がする。世間で目立っているあんな酒よりこんな酒よりずっといいのに、と酒場でイライラしたことを思い出す。もうちょっと宣伝に力を入れてもいいのではないか。

「自分の酒をわかってくれる人が少しでもいればいい。うちの酒はどれを買ってもハズレがないとは言われますが、まあそれでいいかな。過剰なアピールは苦手です（笑）。一応20年地道に酒をつくってきたので、それを知ってくれている人はいると信じています」

そう蔵元が話した直後に、車はブオーンとエンジン音を鳴らして前進した。雨後の月に着くのはあと少しだ。

蔵元おすすめの立ち寄り処

・蔵元直売所　広島県東広島市黒瀬町乃美尾１３６４−２

２０２１年にリニューアルした、酒蔵の敷地内にあるシックな外観の直売所。２０２３年のグッドデザイン賞を受けた建物だ。賀茂金秀のほか、地元でしか買えない桜吹雪も買える。

・**源五郎**　広島県東広島市黒瀬町宗近柳国1770—1
蕎麦と蕎麦前のつまみがうまい店。天丼などのご飯ものもいい。
・**カフェアルターナ香木堂**　広島県東広島市黒瀬町大多田191—8
蔵元おすすめのかりんとう屋。広島の山海食材や、金光酒蔵をはじめとする広島の酒蔵の酒粕を使ったかりんとうをぜひお土産にしたい。

13

蔵元と杜氏のシビアな緊張で出せる味

雨後の月　相原酒造　◎広島県呉市

「雨後の月」はまず名前がいい。雨が降ったあとに顔を出すのは太陽ではなく月というのが、しっとりした情緒があって好きだ。声に出してウゴノツキと読んだときの耳障りや語呂もよく、一発で記憶に残る名前なのではないか。【写真13－1】

名づけ親は相原酒造（明治8年（1875）創業）の2代目である相原格。明治から大正にかけて活躍した小説家・徳富蘆花の短編集『自然と人生』に収録された短編のタイトルから引用したそうだ。雨の後の澄んだ月を

13-1

雨後の月はまず名前がいい

思わせるきれいな酒をつくりたい、との想いが込められているが、2代目の言葉選びは抜群にセンスがいいと思う。が、それをもっとも表現したのは、１９８８年に代表に就任した4代目の相原準一郎さんだろう。旧来の濃醇（のうじゅん）だったという酒質を一新し、洗練された美しい酒へと変貌させたのだ。

というようなことは、20年前に雨後の月を売っている酒屋店主などから聞いていた。当時からすでに吟醸酒のトップブランドとして有名で、吟醸酒とはこういう酒質を表すのだと思い知らされた記憶がある。香りは華やかだが度が過ぎず、味は丁寧につくり込まれた上品な印象。かつて「飲む香水」と呼ばれるほど香りを強調した酒が台頭したせいで、私は船酔いみたいになる香り系の吟醸酒を毛嫌いするようになったが雨後の月は別格。香り系の酒で飲み続けている数少ない一本である。いつ飲んでも楚々としたエレガントな味わいがする。雨後の月という名前にぴったりな酒質だ。

こういう酒を確立した蔵元は、さぞ身のこなしが軽やかで颯爽とした人に違いない。と想像していたが初対面は10年前。前章で紹介した賀茂金秀（二二七頁参照）とともに、広島の酒販店「大和屋酒舗」のO社長の案内で訪問したのだが、実際に会った蔵元は私の想像をはるかに超えていた。

眼光は鋭くピリッとした雰囲気で全身から強いパワーを発している。喋りはテンポが早く旺盛。頭の回転がものすごく早いのだろう。蔵を継いだ頃の話にはじまり、蔵の酒が売れなかった苦労時代や酒づくりのありとあらゆるこだわりまで、間髪入れずに言葉の熱々ボールが矢継ぎ早に飛んでくる。私は熱々のそれをこぼすまいと受け止めるのが精いっぱいでメモをとる余裕すらない。応接間でも蔵内でも喋りに喋り続けて3時間以上。内心ドヒャーである。こんなに熱量ありまくりの人がつくっていたのか!と私はのけぞった。

でも、本音をバンバン言う裏表のない蔵元の人柄はなんとも痛快で、ことあるごとに口にする「そうじゃろ!」の広島弁も妙にたまらない。鋭い眼光を上回る屈託のない笑顔も魅力的だ。たった一度の訪問なのに、呉の雨後の月は強烈なインパクトを私に残したのである。

詳しくは前章に書いたが、だからなのか雨後の月の前に訪れた賀茂金秀も呉の記憶として一緒くたになってしまったのかもしれない。ただの言い訳になるが、その記憶が更新されないまま私は10年を過ごしていた。まったく失礼な話だが、今回ばかりはそんな失態が雨後の月へ行くきっかけをつくった怪我の功名だと言えるだろう。

そんなこんなで、私は賀茂金秀の蔵元杜氏・金光秀起さんの案内で10年ぶりに相原酒造の扉を叩いた。【写真13-2】

金光酒造から車で約30分。住宅街の一角にある相原酒造に到着した。茶色い杉玉を掲げた古風な建物である。入り口を通るとコンテストの賞状が四方の壁にびっしり。応接間にも賞状の盾が並んでいた。さすが名実ともに吟醸酒のトップブランドだ。［写真13－3／13－4］

しばらくすると相原さんが応接間に颯爽と登場。「お、金ちゃん」と金光さんに声をかけ、私も挨拶を交わす。自分の記憶違いによって、東広島から呉にわたって蔵をめぐることになった今回の旅程について説明すると、「こんなこと言って悪いけど、あなたバカじゃないの!!」と豪快に笑う相原さん。かしこまっていた私はその言葉のおかげで少しだけ肩の力がぬける。

ここでコーヒーとケーキが運ばれてきた。蔵を訪問してケーキを出してもらうなんてなかなかない。ついじっと見ていたら、どうやら甘党だという蔵元のお気に入りらしい。

13-2

10年ぶりに相原酒造の扉を叩いた

13-3

コンテストの賞状が四方の壁にびっしり

「バターケーキです。呉のソウルフードですね。広島には他にもバターケーキの店がありますがこれは合歓(ねむ)ってところの。店はけっこう古くて地元でめちゃくちゃ人気。すぐ売り切れる」と言う。パクパク食べる蔵元につられてほおばると、ふわっとバターの甘い香りがした。カステラに近いやさしい味。口のなかは甘みで満たされた。【写真13－5】

しかし、蔵元は10年前と変わらず本音を隠さない辛口だ。昨今の日本酒業界のあれこれにゲキを飛ばし、金光さんと意見を交わす。私も適度にツッコミを入れるがそのやりとりがおもしろくて聞き側に徹する。ここでは書けない裏話ばかりだが、相原さんの変わらぬ熱量ぶりに感心した。だが気がつけば応接間に座ってから1時間が経とうとしていた。これはまずい。蔵を見る時間がなくなっていく、と落ち着かない私を察してくれた金光さんが「相原さん、蔵いいですか？」と切り出す。すると、ハッとしたような表情で瞬時に椅子から飛び起きる相原さんはそそくさと靴を履いて外に出る。我々も急いでそのうしろ姿を追って蔵内へ向かった。

13-4

名実ともに吟醸酒のトップブランド

13-5

呉のソウルフード、バターケーキ

相原さんは酒づくりの順を追って蔵内を移動し、サクサクと説明を進めてくれたが、最初は蒸す米の状態に着目した。米は「ウェット」を目指しているという。

「蒸米はふっくらさせたい。さばけはいいけどウェットがいいですね。なんでか言うと麹菌をより繁殖させたいから。近頃の米は温暖化の高温障害で、もろみで溶けにくい米に変わってきているので、麹菌をしっかり繁殖させた麹を使わないと味が乗らないよね。昔は、なんとか米を溶かさないように乾かすって作業に力を入れていましたが、今それをやっちゃうと味が出ないからだめです」

また、麹づくりで米を乾かしすぎると酒にえぐい苦みをもたらすと言う。

「それは麹菌があえいでいる証拠。要するに米の水分が足りなくてムリムリ！ってあえぐからいらないものを出します。人間でいうと脂汗みたいなもんですね」

そう言いながら蔵元は完成した麹を手にした。麹菌をしっかり繁殖させた雨後の月の麹は「すごくやわらかくて栗味が強いんですよ」と金光さん。（いい麹は栗のような甘みがある）

相原さんがその麹を差し出したので恐る恐る米粒を取ると、「そんなね一粒食ったんじゃわかんない。全部ガサッと口に入れて！」と言われ慌てて口に入れるとホクッとした甘みが口に広がった。【写真13－6】甘みがじわじわ出てきますね、と伝えると、「いい栗味が出てくるでしょう」と蔵元はちょっぴりうれしそうに笑い、ぐんぐんと前を歩いて次の作業場へ。

酒を搾る上槽室に入った。冷気が顔に当たり鳥肌が立つほど寒い。【写真13－7】

「広島で2番目に古いヤブタ（薮田式自動醪搾機）を使っています。ここは3度。なぜか言うと搾っているときに酒の温度が上がるのが嫌。温度が上がると劣化を早めるでしょう。で、搾った後にアルコールが蒸発して濾布が乾くとカビだらけになる。この地域はあったかいからすぐカビますね。部屋も臭くなるので冷蔵庫状態にするんです」

上槽後は滓引き（沈殿したものをぬく作業）する替わりに直ちにモジュールのフィルターで素濾過をし、次は火入れと素早い作業が続く。

「普通の滓引きは滓が沈むまで放置しますが、うちは強制的にやります。沈むまでの時間を待ってられんからね。火入れも素早くやらないとだめ。熟成酒じゃなしフレッシュフルーティーな酒で売るにはこれくらいしな

13-6

完成した麹は、ホクッとした甘み

13-7

酒を搾る上槽室に入る、寒い！

きゃならん」と力説する。

瓶詰めした酒はすぐに冷蔵庫へ。ラインナップによって適した温度の冷蔵庫で保存する。巨大な冷蔵庫にはP箱に入った酒が山と積まれていた。[写真13－8]

「一回火入れの酒は1度の冷蔵庫に入れ、へたりやすい生酒や香りが高いタイプとか高級酒はマイナス4度くらいの冷蔵庫で保存します」

さらに出荷前は別の冷蔵庫へ移動させる。

「7度設定の冷蔵庫です。夏場だと10度まであげるかな。なんでか言うと、冷蔵庫から出荷すると瓶が結露して運送車の荷台がビチャビチャになるからね。運送会社から結露とって出してくれと言われているため、本当はそのまんま出荷したいんじゃけど瓶の温度を上げないとすぐに出せないんです」

出荷の作業一つ取っても酒に影響を与える温度への細やかな気配りが垣間見える。それらが雨後の月の洗練されたうつくしい酒質をつくるのだろう。と感じ入っていたら、「はい、次はこっちね」と蔵元は無表情で別の倉庫のシャッターをガラガラと上げる。

13-8

瓶詰めした酒はすぐに冷蔵庫へ

うわ、と私はおどろいて声をあげた。なんと白いフェラーリが登場したのだ。

「あなたが10年前に蔵に来たときはギリあったかな。目立つんでここらへんは走りません。近所では持っていることを内緒にしています」と相原さんは笑う。車が好きなのか、という問いに対しては、「まったく」とにべもないが「でもこれが買えるなんて酒蔵も夢があるでしょう」とまた笑顔になった。【写真13－9】

フェラーリを拝んだあとは呉の繁華街へ。酒好きをそそるようなこぢんまりした酒場が多い街だ。私はスタスタ歩く蔵元たちの後ろをついていく。【写真13－10】

少し歩いてたどり着いたのは、相原さんが行きつけの「鳥八茶屋」である。

広々とした店内に入ると私の目はカウンターに釘づけに。魚が泳ぐど

13-9

愛車のフェラーリ、酒蔵も夢がある

13-10

酒好きをそそる酒場が多い街

デカイ生け簀があったのだ。この魚たちが刺身や天ぷらになるのだという。あの、焼き鳥屋には見えないのですが、と突っ込むと、「そうじゃろ、でもこれが呉の鶏屋なんよ」と相原さんがニッと笑う。【写真13－11】

つまみの注文は蔵元にお任せし、まずは金光さんが持参した賀茂金秀の愛山・純米吟醸で乾杯。前日に搾ったばかりの酒だ。ああ、うまい。ピチピチと気泡が舌をいい感じに刺激する。じわっと広がる可愛らしい甘みもいい。

「やっぱり金ちゃんとこは生がいいな。こういうちょっとガス感ある酒は生で売るのがいちばんいい」と相原さん。

一方で複雑な表情を浮かべる金光さんは小さい声で、「生では売らないんですよ……。これは火入れして少し寝かせてから11月に出荷します」と言う。

この言葉を特に気にも留めないといった表情の相原さんは、「ガス感は味をわかりにくくさせるところがいいよね。この前ね、ガス感ばっか出している蔵元と話したのだけど、ガス感はマイナス要素を複雑味に変えるから少し失敗した麹を使ったときでも大丈夫だったと言うとった。

13-11 相原さんが行きつけの「鳥八茶屋」

なんじゃそれ思ったけど、複雑味というコンセプトはいい」と笑い、場を和ませる。

楽しみにしていた刺身が運ばれてきた。さっきまで生け簀で泳いでいたものをさばいただけあり、イカは透明でサバも鮮やかな色をしている。カワハギはたっぷりの肝つきだ。どれも弾力があり、きれいな海の味がした。【写真13－12／13－13】うますぎて日本酒が進みまくり、両サイドの蔵元に酒を注がれてばかりの私である。

次は雨後の月の出番だ。広島の酒米・千本錦を使った純米大吟醸である。品のいい吟醸香がすてき。果物を思わせるような甘みも新鮮だ。

「千本錦はね、このなんとも言えん上品で甘い感じがええよね。酒米のなかでいちばん好き。味も崩れにくい感じがする。ブドウみたいな味になるのも好きです。青魚にはブドウ味が合いますよ」

そういえば拙著『夜ふけの酒評』で雨後の月の八反錦・純米大吟醸を絶賛したことを思い出し、改めてそのときの感想を伝えると「おいしいじゃろ」と笑いこう続けた。

「でも八反錦ってスレンダーな鉛筆みたいな。ボンキュッボンにならな

13-12

13-13

サバも鮮やかな色、カワハギは肝つきだ

いというかふくらみが出ないのね。酒にボディをつけようとしても鉛筆の芯みたいなやつが太くなるだけで、つまりメリハリがない。ちょっと寝かせないと（『夜ふけの酒評』で書いたような）ああいう味にはなりませんね」と言う。

次は天ぷらが運ばれてきた。イカの刺身だったゲソを揚げてもらったのだ。プリプリの食感でイカ好きの私は目尻が下がる。【写真13-14】再び賀茂金秀をぐびり。お、味がまとまってきた。温度が上がり顔を出したほのかな苦みもいい。相原さんが言う。

「愛山はちょっと苦みが出る。もちろん五味の一つですから大事な要素ですよ。金ちゃんの酒はいい苦みです。ただ蔵でも言ったけどえぐい苦みはだめですね。うちの酒も前にそれが出たときがありました」

このままでは絶対に酒が売れないと確信した相原さんは、杜氏にその苦みを失くしてほしいと伝える。

「文句を言ったんです。これはダメだと思って。そしたら杜氏が悩んで体調を崩し麹室に入れないと言うから、仕方なく私が麹つくったこともありました。そんで麹が乾きすぎるからじゃないかとハクヨー（吟醸用

13-14

イカの刺身だったゲソを天ぷらに

製麹機）を導入したりして。蔵に入らないとわからないことはいっぱいある。昔はね、社長が蔵のなかに入ると杜氏にええ酒ができませんと言われた。なんでか言うと社長がごちゃごちゃ言うと杜氏が迷うから。だけど俺は文句言う。どんなに杜氏におもしろくないと思われてもダメなものはダメ。蔵元は人任せにしとったらダメです」

杜氏は職人として酒づくりのことだけに没頭するのが仕事だが、蔵元は客観的に酒を見ることが必要だ。

「杜氏は蔵にいることが多いから、外の世界で自分の酒がどんなポジションにいるのか全くわからない。自己満足でつくった酒が何千石も売れればいいけど、そうじゃないんだったら蔵元がダメ出ししなきゃ誰が言うんですかって話。俺なんかしょっちゅうダメ出しする。杜氏に酒をつくらせている以上はそれが蔵元の責任です。全て任せっぱなしではええ酒はできません。ええ酒だけが売れる酒になるのです」

やはりこれだけの酒質をつくりあげた蔵元の言葉は説得力がある。だからこそ、蔵元が杜氏も兼任するのは大変だと金光さんを気遣う。

「蔵元杜氏は全部が自分に跳ね返ってくるからキツいと思うよ。自分がつくった酒が売れなかったらものすごく葛藤するじゃない。自己満足するんじゃなく、自分で自分の酒をダメ出しできるような強さがないと大変です」

そして、蔵元は酒が売れるような体制を築くのも大事な仕事だと教えてくれた。

「(酒が売れなくて) 貧乏でもおいしい酒をつくってお客さんに喜んでもらえたら満足、みたいな蔵ってまだいっぱいある。酒は一生懸命つくっても経営のことはわかっていないんですよ。でもさ、いくら立派なこと言っても酒を売って利益出さないと酒蔵としてはだめでしょう。従業員にそれなりの給料を払えず家族も養うことができないなら、なんにもいいことなんてない。どうやってつくろうがおいしくて売れる酒だったらいいと思う。マインドがどうのこうの言うのも必要だが、言うだけでは蔵の未来はないですよ」

蔵元としての覚悟がにじみ出ている言葉だ。手厳しいが正論である。

ここで焼き鳥の盛り合わせが登場。が、相原さんの頭にはすでに2軒目がちらついていたらしい。

「さっさと平らげて次に行きますよ」と言う。我々はあわただしく箸を動かして酒を飲み干した。


ほろ酔いの我々が向かったのは「赤ちょうちん通り」と呼ばれる屋台が連なる場所。大正時代から続く呉市が継承する文化だ。これは歩いているだけで楽しい。いくつかある屋台のなかで相原さんが常連の一軒に入る。屋台のなかは想像以上に広く大きな鉄板が目の前にあった。水道や電気も完備の立派な屋台である。営業後は全てを撤収し、夜になるとまた一から組み立てるそうだ。［写真13－15］

それはすごい、と店内をキョロキョロ見回していたら、「この店の名前は出さんといてね。メディアに載るのは一切お断りなんです」と相原さんが言う。というわけで残念だが店名は書けない。

座ってすぐに雨後の月の純米吟醸の発泡酒が運ばれ、蔵元がガリガリ蓋をあけるとグラスに勢いよく注ぐ。シュワシュワだ。うま〜い。ほどよい甘さとスッキリした口当たりでいくらでも飲めそうだ。

ごくごく飲んでいたらソーセージ炒めが来た。「こういうのがうまいんです」と相原さんはうれしそう。続いてお好み焼きも登場。麺は極細で食べ心地が軽くこれもすごくおいしい。広島のお好み焼きでここまでの細麺は食べたことがなかった。目を丸くしながらかぶりつく。ソース味はシュワシュワのにごり酒にぴったりだ。［写真13－16／13－17］

13-15

赤ちょうちん通りの屋台、屋号は内緒

「まあまあうまいじゃろ！」と笑う相原さんの大声にびっくり。まあまあって！　ドキドキしながら店主を見ると含み笑いを浮かべている。相原さんはなにを言ってもどこか憎めないのも魅力だ。金光さんが思い出したように言う。

「今はこうやって相原さんと一緒に飲ませてもらっていますが、昔は話しかけられないくらい怖い存在でした。声はでかいし圧はすごいし、なにもしていないのに怒られているような気がしてしまって（笑）。ちゃんと話せるようになったのは、自分の酒を認めてもらってからですね」

その言葉にガハハと笑う相原さんは賀茂金秀をこう評した。

「金ちゃんが初年度に仕込んだ酒を飲んだらたいしたことないじゃんか、って思った。ところが2年目になったらすごいおいしい。いや、2年目でこんな酒をつくるなんて広島もすごいやつが出てきたなと。天才現る！って言いました」

金光さんが照れた顔で言葉を返す。

「ありがたいです。当時の酒は今よりも濃くて甘さをけっこう出していましたが、そういう酒が流行っていた時期とも重なり、世間の受けはよ

13-16

13-17

ソーセージ炒めとお好み焼き、合う！

かったですね。そっから魂志会（雨後の月や賀茂金秀など広島6蔵が集まった酒質向上のための会）で相原さんと話をできるようになりました」

今や賀茂金秀も広島を代表する人気銘柄である。

だが、相原さんはどこか不満げに言った。

「金ちゃんの酒はもっと売れんといけんね。すごい酒なんだから」

私もうなずき返す言葉を考えていると、すでに相原さんの腰は半分浮きかけていた。

「お会計して！　さ、これ早く食べて飲んで。次はデザートに行くよ」

目まぐるしい展開に酔いが深まる。呉の夜はまだ終わる気配がない。

【写真13－18】

13-18

呉の夜はまだ終わる気配がない

蔵元と行った酒場

・鳥八茶屋　広島県呉市中通3－3－12

カウンター内にある生け簀が名物。瀬戸内海の新鮮な魚介類を使っ

たつまみがおいしい。香ばしく焼く焼き鳥も忘れずに食べたい。

・**赤ちょうちん通りの屋台**　広島県呉市蔵本通り
おでんや焼き鳥、ラーメンなどさまざまな屋台が並ぶ場所。蔵元と行ったお好み焼きがうまい屋台は雨後の月が飲める。ぜひ探してほしい。

蔵元おすすめの立ち寄り処

・**カフェ・ドゥ・ナイス**　広島県呉市中通3-2-26
蔵元が3軒目に指定した店。深夜においしいコーヒーとデザートが味わえる。赤ワインを飲むのもいい。蔵元はここで締めることが多いそうだ。

・**バターケーキ合歓**　広島県呉市広大新開1-1-14
地元で愛されるバターケーキ専門店。毎日売り切れる人気店だ。日によっては当日買える場合もあるが予約がのぞましい。

・**福住 フライケーキ**　広島県呉市中通4-12-20
戦後からある呉の名物。こし餡がたっぷり入った揚げドーナツのような菓子。熱々が味わえる。

・エーデルワイス洋菓子店 呉本通店 広島県呉市本通3–4–6

呉人の誕生日ケーキといえばここが定番。クリームパイは外せない。１９６５年創業の老舗でドイツ菓子をベースにした洋菓子店だ。

旅のほろ酔いポエム 3

合わせるつまみに迷ったら
酒の故郷の名産品を調べるといい
海の近くなのか山の近くなのか
土地ごとに適した食べ物に近いものが合う
酒とつまみの相性なんてものは
それくらい楽に考えるといい
どの肴も日本酒が包んでくれるから
だって仕事じゃあるまいし
頭でっかちに相性を考えながら飲んだって
ちっともおいしくないしつまらない
気持ちよく酔えないよ

14

震災をのりこえる蔵と蔵のつながり

天狗舞(てんぐまい) 車多酒造 ◎石川県白山市

一生のうちに縁がある日本酒は限られている。自分の目の前までやってくる銘柄は案外少ないのだ。しかもくり返し出会える酒はもっと少なくなる。

私にとって縁がある銘柄とは、まず飲めることであり、その酒をもう一度飲みたいと願うことであり、願いが叶ってまた次もさらに次もといったように飲める機会に恵まれる結びつきがある。結びつきの数が細かく急速に深い縁になる酒もあれば、くっついたり離れたり距離が一定じゃない縁もあるし、時間をかけてゆっくり酒とつながっていく縁もある。

今までの経験上、こればっかりは自力じゃどうにもならないのが残念でユニークだ。酒場や日本酒イベントに通うなど、自ら能動的に求めれば二度くらい出会える縁は引き寄せられるだろう。しかし、ふしぎなことに縁がなければ飲める機会は長く続かない。

この酒場には必ずある、と知っていて足を運んでもタッチの差で売り切れているなど些細なことから、自分の転居で買える場所が遠のくなど物理的なきっかけも縁のすれ違いになる。ただ、酒の縁は一方通行ではないのがおもしろい。また飲みたいと思っているのに出会えないと諦めていたら、あるときを境に急に縁が巡ってくる場合があるのだ。そう考えると自分に縁がある日本酒は自分だけに与えられた人生に通じる。要するに人や環境との縁と一緒なのだ。

例えば「天狗舞」は日本酒を飲みはじめた頃から好きな銘柄だが、ついこの間まで顔見知り程度の縁だった。なぜか飲める機会が少なかったのである。蔵元の車多一成さんとも17年くらい会っていなかった。

最初に蔵元と会ったのは数人の宴席だったが、当時ライターの駆け出しだった私はお公家さまみたいな顔立ちの蔵元の存在感にびびり、たいした言葉を交わせなかった記憶がある。天狗舞といえば日本酒業界の誰もが認める石川を代表する銘酒であり、能登杜氏の四天王の一人である中三郎さん（現・名誉杜氏）が腕を振るう酒蔵だ。物書きとしての実績も日本酒歴も浅い20代の自分がびびるのは無理もない。それ以来、蔵元を遠巻きに眺めるのが精いっぱいでなぜか酒と出会うことも少なく、好きなのに自分にとって縁が薄い酒になっていた。

ところが、数年前から通いはじめた酒場が天狗舞を定番酒として置きはじめた。縁が巡ってきた、とうれしくなった私は天狗舞を毎回飲むように。やはり味が好きだとつくづく思う。酒は山吹色でほのかに香ばしく、この香ばしさが焼き魚や煮つけなどにぴったり。こっくりした丸い旨みもいい。飲めば飲むほど体になじんでくるやわらかい酒である。［写真14－1］

そうやって天狗舞を飲み続けていたら、2024年1月1日に能登半島地震が起きたのである。石川の人たちの身を案じることしかできない自分は、せめてもの復興祈願で天狗舞をはじめとする石川の日本酒をたくさん飲もうと決めた。天狗舞との再縁をくれた行きつけの酒場でも石川の日本酒を飲んでいたが、あるとき「能登初桜」の左下に小さく「十天狗舞」と書かれた酒を女将にすすめられる。この酒は、蔵が全壊した珠洲市の初桜をつくる櫻田酒造で奇跡的に残った本醸造と天狗舞をブレンドし、その売り上げを櫻田酒造の復興資金にするという、車多酒造が

14-1

飲めば飲むほど体になじむやわらかい酒

企画した支援酒だった。［写真14－2］

すぐに飲む。ああこれもうまい。本醸造をブレンドしたからか、いつもの天狗舞よりもドライな印象だ。初桜を飲んだことがないのでブレンドの比率はよくわからないが、天狗舞の味がちょっと強いかもしれない。するする飲めてもう一杯。今夜は一升瓶に残る酒を飲み干して帰ろうと女将に伝えた。

しかしながら、被災した蔵のもろみを引き取って代わりに上槽瓶詰めする蔵があることは知っていたが、自社の酒と別銘柄をブレンドしたものを支援酒にする話は聞いたことがない。車多さんはどのような思いでこの英断をしたのだろう。そもそも車多酒造は震災後どうなっているのだろうか。かなり久しぶりだが蔵元に連絡をしようと決めた。

なんとか蔵元にアポを取った4月の下旬。パラパラと小雨が降るなか新幹線かがやき号に乗り金沢を目指す。ここからＩＲいしかわ鉄道に乗

14-2

「能登 初桜」に小さく「＋天狗舞」の文字が

り換えて松任（まっとう）駅で降り、タクシーで車多酒造へ向かうことになっている。

車内では改めて車多酒造の歴史を振り返ることにした。

創業は文政6年（1823）。もともと菜種油の生産や販売を代々営んでいたが、初代の車多太右衛門が大阪の相撲見物のついでに飲んだ灘の酒が忘れられず、地元でもうまい酒を飲みたいと酒蔵をはじめたという。

地元誌『林中の人と文化』（林中公民館）によると、天狗舞の銘柄は創業からしばらく経ち明治以降に名づけられたと推測されている。昔は蔵の周辺が鬱蒼とした木々に囲まれていたようだが、あちこちから聞こえてきた風で揺れた葉のサワサワとかすれる音が端緒に。木々の上で天狗が団扇（ヤツデの葉）を振りながら舞っているような姿を想像したという。天狗が舞うで天狗舞。たくましくて神々しい銘柄だ。

今の天狗舞を築き上げたのは7代目の車多壽郎（としろう）氏である。高度経済成長の時代に需要が伸びていた日本酒は大量生産へシフトしていくが、壽郎氏は他の中小蔵も一般的だった大手メーカーへの桶売りにいち早く見切りをつけた。昭和40年代に自社ブランドを確立するべく、静岡の富士高砂酒造で杜氏をしていた能登杜氏の中三郎さんを抜擢。中杜氏が得意とする吟醸づくりに力を入れるだけではなく、天然の乳酸菌で醸す山廃酛で仕込む酒を中杜氏とともに研究・開発した。

大量生産の時代とは真逆の試みである。しかも現在でも難易度が高く採用する蔵はわずかの山廃酛へのチャレンジは、さぞ困難を極めただろう。ほかにも壽郎氏は昭和50年代から純米酒づくりを推進するなど、コストが安く儲けられる三倍増醸酒が全盛の時代に質の高い日本酒を追求。このドラスティックな酒造改革がのちに絶大なファンを生み、現在の銘酒・天狗舞の地位を確立したと言える。

そんな天狗舞の中興の祖と呼ぶべき7代目の重厚なバトンを受け取ったのが、私が17年ぶりに会う8代目の車多一成さんだ。実のところ彼は婿養子。東京の大学卒業後は都市銀行で働いていた経歴を持つ。大学時代に蔵を継ぐ壽郎氏の長女・寿子さんと出会って結婚し1996年に車多酒造へ入社。2015年に代表取締役社長に就任したのだが、これまでの経緯を想像しただけで胃が痛くなってくる。ものすごい義父の跡を継いだものだ。と、苦労をしのんでいたら金沢駅に着いた。

ＩＲいしかわ鉄道の松任駅に着きタクシーに乗る。雨がだんだん強くなってきた。15分ほどで車多酒造に到着。蔵元と待ち合わせの時間より少し早く着いたため、蔵の隣に併設

されている「CRAFT SAKE SHOP mau.」をのぞくことにした。和風の洒落た建物だ。［写真14－3］

なかに入ると広々としている空間が気持ちいい。窓からは田んぼが一望できる。いい眺めだ。スタッフに声をかけると、このショップは創業200周年を記念し2022年10月にオープンしたと教えてくれた。酒だけではなく酒粕やリキュールの果実を使ったソフトドリンクや菓子も販売。店内には、地元の織物・牛首紬のタペストリーや昔の酒蔵で使っていた門の扉をリメイクしたテーブルなどがあり、地元の文化もそれとなく感じるようなデザインになっている。酒の飲み比べもできるようで今すぐ飲みたくなるが我慢。天狗舞と梅酒の実を酒粕で和えたつまみを購入しなんとか心をなだめる。［写真14－4］

しばらくするとスタッフが現杜氏の岡田謙治さんとともにやってきた。蔵元は別の来客との打ち合わせが長引いているようで、先に岡田杜氏が直々に蔵を案内してくれるという。挨拶を交わすと少し硬い表情で「今日はよろしくお願いします」と杜氏は律儀に頭を下げた。

14-3

直売所は和風の洒落た建物

14-4

創業200周年を記念してオープン

重厚で渋い入り口の扉を開け蔵内へ。［写真14-5］最初に精米の作業場に案内された。巨大な精米機がずらりと並ぶ。天狗舞では25年以上前から原料の全てを自家精米しているという。

「ここは会長（壽郎氏）のこだわりで導入しました。なぜかと言うと委託精米にすると磨きの質がよくないことが多いからです。例えば精米50%でお願いしたのに実際には60%弱の場合もある。ちゃんと磨けていないんですよ。会長が酒の中身を突き詰めると精米も大事だということになりまして。精米の微差も酒質に影響を与えるのです。それで自家精米に切り替えたのですが、ほぼ50%で精米できるようになりました。昔は24時間も蔵人がつきっきりでやる作業でしたが、今は精米機の性能も進化しましてして一人いればできますね。ボタンを押すとプログラムされた通りに精米してくれます」

使う酒米は早稲品種で収量が安定している地元の五百万石がメイン。

14-5

重厚で渋い入り口の扉を開け蔵内へ

石川県が11年かけて開発したという百万石乃白も使っている。

「地元産だと石川酒52号（石川門）という酒米もあるのですが、心白が大きいため50%精米を越すと米が割れてしまうんですよ。その点、百万石乃白は高精白ができるのでこっちを選びました。うちだと30%まで精米した商品もあります。酒質がきれいになるので高価格帯の吟醸酒に向いていますね」

続いて洗米と蒸米ゾーンへ。米は洗米機を使って洗う。導入したのは十数年前。その前は「10人でやっていました。かかる労力がすごかったですね。布に米を入れてユッサユッサ揺らしたりして洗っていました」と笑う。今はここも一人いれば足りるという。【写真14－6】

蒸米の作業はボイラーを用いる。水を張り着火。ボイラーの蒸気で米を蒸し、約1時間かけて完成する。それから放冷の作業に移るのだが、土地柄もありこの工程は一苦労かかると岡田杜氏は言う。

「ここら辺は冬でも湿気が多いため、放冷機を使っても米を冷やすのはなかなか大変です。うちは冷蔵設備がないので外気の風も利用するのですが、特に秋口や春先は気温が高いので放冷に限界があります。そうい

14-6

米は洗米機を使って洗う

うときは冷やした水を使うなど、仕込み（酒母やもろみ）の温度を下げなくてはなりません」

湿度の問題は麹づくりにも影響を及ぼしていた。放冷機で麹菌を振った蒸米はエアシューターを使って2階の麹室に運ぶが、その際に流れ込む風が室内環境に影響を与えないように天井に穴を開け、天井裏に風だけ逃がす装置を設置したという。この穴は岡田杜氏の手作りである。［写真14－7／14－8］麹は湿度が高い環境に向いている、麹菌をまんべんなく米に繁殖させた総破精タイプ。「今流行りの甘さも求めていないので、奇をてらった味にならないスタンダードな麹菌を使う」と言う。

麹菌を米に生やしていく過程で大変なのはやはり湿気との戦いである。除湿器のように乾かす機械を入れていないため、米をほぐすなどの手作業を惜しまない。人員も手間もかかるため、自動製麹機の導入を考えてはどうかと蔵元に言われたこともあるが、岡田杜氏は首を横に振る。

「機械を信用していないわけではないのですが、酒質が変わったらまずいので。機械化については蔵人と相談することもありますが、結局は手づくりがいいですね。ここだけは譲れません」

14-7

麹室へ、天井には風を逃す穴が

14-8

次は速醸の酒母室へ。この蔵では山廃の酒母室は別にあるが見せてもらうことはできない。外部の人間が入ると野生酵母を持ち込む可能性があるため、前々から岡田杜氏と酒母担当蔵人の2名しか入れないルールがある。蔵元でも入室禁止だという。というわけで速醸の酒母室に案内されたが、ここで山廃づくりの話に触れる。

「山廃は会長と中杜氏が立ち上げたものでそれ以前は速醸でした。山廃はいろんなタイプのつくり方がありますが、うちは中さんが静岡の酒蔵にいた時代に教わった製法らしいです。全ての工程もそうですが山廃は中杜氏の直伝です」

岡田杜氏は現在57歳だが20歳で車多酒造に入社。中杜氏のもとで長く酒づくりを学び、2002年に中杜氏の後を継ぐ杜氏になった天狗舞一筋のつくり手である。そんな長い経験を積んだ岡田杜氏でも、山廃づくりはむずかしいと言う。

「山廃はつくりはじめが肝心。野生菌をガードしてくれる乳酸を生む乳酸菌は、部屋を掃除したりつくらない期間があるとなぜかいなくなってしまうので、乳酸菌が発生するまで気がぬけないです。乳酸菌が増える前に野生酵母が増殖するとよい酒母になりません。乳酸がない状態で酵母を添加すると、清酒酵母が野生酵母に負けて酒母にならないのです。ですから暖気（湯を入れた筒のようなもの）をタンク内に入れ、なかのもろみをドロドロの濃糖状態にして野生酵母を増えにくくします。ただ、暖気を入れっぱなしだともろみの温度が上がりすぎるため、また野生酵母が増えやすくなる。暖気の出し入れのさじ加減がむずかしいですね」

終盤は発酵室と上槽室へ。発酵室も冷房設備はないが、もろみの管理はタンクに冷水ジャケット（ジャケットのなかに細い管が通っていてそこに冷水を通す。品温が上がると冷水が回る仕組み）を巻き、品温の経過を見ながらじっくり発酵させる。最後に案内された上槽室は冷蔵庫状態で0度近く。搾る際は低温にする。湿度が高いとカビるため常に除湿している。衛生面を考慮してとのことだ。上槽後は冷たいままサーマルタンク（自動で温度管理ができる）で貯蔵。それから瓶詰めや火入れなどの作業が待っている。

それにしても酒蔵とはどこもかしこも階段が急だ。ほとんど手すりもない。ビクビクしながら上り下りをするへっぴり腰の私を気遣いつつ、「まあなんども往復していたら慣れますよ」と岡田杜氏は笑った。［写真14－9］

14-9 
酒蔵はどこもかしこも階段が急

蔵の外に出ると車多さんが待っていた。

「お待たせして申し訳ありません」と低いバリトンボイスで言い、折り目正しく礼をしてくれる。

やっぱり一瞬びびるが、私も慌てて礼を返し、蔵のすぐ横にあるセミナールームだという部屋へ案内してもらう。

とたんに小さく咳をする蔵元。聞けば数日前に体調を崩したのだという。私が訪ねたときは、創立200周年を記念した200名規模の盛大なパーティの開催後で超多忙な日々が一段落したタイミング。疲れがドッと出たところに来るなんて申し訳ないことをした。すぐに詫びると「いえいえこちらこそこんな状態で申し訳ないです」と返答され、念のため少し席を離して会話を再開した。
なんせ蔵元とちゃんと話すのは初である。今さら聞くのもどうかと思ったが、まずは気になっていた婿養子になるまでの成り行きを質問する。
「私は日本大学の法学部で奥さんはお茶の水女子大学に通っていました。知り合ったのはそのとき偶然です。で、卒業後は銀行員として働き、結婚を機に婿養子になることを決めましたが、なんというか当時のイメージだと酒蔵って潰れかけの印象が強くて。天狗舞が有名な酒蔵だとはなんとなくわかっていましたが、当初は俺が頑張って蔵を立て直そうくらいに思っていたんです。でも実際に蔵の決算書を見て固まりました。いい意味で、ですよ。ああ、逆に蔵が自分をもらってくれたんだなって思い直しました」

だが酒蔵の仕事をした経験は一切ない。

「そうだからはじめは会長に、なにもしなくていい大丈夫だと言われていました。酒の鑑定官だった徳田さんという人（現常務・研究開発室長）も引っ張ってくるし、岡田っていう若い杜氏もいるから全部やってくれる。あとはワシが教えてやるからと。でも入社したらなんにも教えてくれないわけですよ。背中を見て覚えろってことなんですけど、天狗舞をここまで大きくした人の頑固な姿勢はすさまじかったですね」

後継ぎの専務として仕事の経験を積むなかでも、中興の祖である会長と意見が対立することは多かった。例えば酒質の方向性だ。

「もともと好きな酒質は一緒なんですよ。私も山廃酒が好きで香り系は苦手。なんですが、会長はあるときから好きな酒質を突き詰めるあまり、酒をかなり熟成させてヒネ香もあるけど甘さが一切ない辛口の酒を目指すようになってしまって。これだとお客さんが離れると思いました。私としてはお客さんに喜んでもらえる酒をつくるのも大事だから、蔵元が求める味と折衷するのがいいのですが、会長はなかなか頑固でして……。うちの常務をはじめとする社員は大変だったと思う。会長（当時は社長）と私のどちらの意見を聞いたらいいのか悩んだはずですから」

それでも、紆余曲折あって2015年に8代目として代表になったが、心のどこかで会長に酒質を認めてもらっていないという思いはずっとつきまとっていたという。しかし数年前のコロナ禍だった。

「実は山廃純米の味を大きく変えたんです。会長がつくった天狗舞の初期の味に近いですね。熟成を若くして酸も抑え、ふくらみのある味にしました。そのタイミングで会長が山廃純米を飲んでくれて。最近は体調のためにテイスティングしていないので、口にされたのは久々だったのです。そしたら急に呼び出されました」

叱咤を覚悟して会長のもとに向かう。ところが意外な展開に。

「こんなにうまい山廃純米はじめて飲んだ！っておっしゃってもう拍子ぬけしました。コロナで酒が売れなくて大変だけど、いい酒をつくれば必ず売れるから頑張れ、って言われたんですよ。私と会長の今までを知っている岡田杜氏に言ったら大笑いしていました」

はじめて会長に褒められた瞬間だったという。蔵元は改めて思った。

「確実に言えるのは、天狗舞は流行りの酒質ではありません。けれども、会長が立ち上げたこの酒質はずっと守るべきものです。幸い、9代目として入社した私の息子も山廃が好きなんですよ。ただ、もっと酸を立てたいと言っているので、より個性的な山廃になる可能性はありますがそれもありかなと。蔵に入って間もない頃に会長が「自分と同じことをするな。自分と全く反対でもいいから自分の想う酒づくりをしなさい」と私に言ってくれた言葉と同じ気持ちです」

胸が熱くなった私はもっとこの話を聞いていたかったが、蔵元の咳が激しくなってきた。取材時間を短縮するべく話を切り替え、震災の被害について聞いた。

「弊社で地震による被害はなかったのですが、能登に帰省中の蔵人5名の自宅は全壊また津波による倒壊がありました。岡田杜氏は正月も酒づくりに専念するために帰省しておらず無事で、自宅も大きな被害がなかったようです。中さんは能登町の自宅で地震に遭いましたが被害は少なく無事でした」

だが、安堵する暇はない。震災が起こった時期はまさに酒づくりの最盛期である。石川県酒造組合の副会長（取材後に会長に就任）を務める蔵元は、深刻な被害に遭った県内の酒蔵を支援するべく素早く先頭に立った。義援金の窓口を開設したり、建物の倒壊で酒づくりができない蔵の委託醸造を請け負う体制を築くなど奔走する。私が東京で飲んだ櫻田酒造の「初桜＋天狗舞」もその一環だ。

「初桜の蔵元は30年来の友人です。蔵が全壊して途方に暮れていた彼をなんとかしなきゃと思って考えたのがブレンド酒でした。この発想は富山の酒蔵20社が共同で開発したブレンド酒を参考にしたんです。初桜でかろうじて残っていた酒を売っても100万くらいなので、それはすぐに売れるだろうけど復興の足しにはそんなにならないじゃないですか。なので、うちの酒を混ぜて量を増やし、彼に利益が行くようにしました。さらに、初桜はほとんど地元で売っているような酒だったのですが、今は震災で飲んでくれる人もいません。ですから販路も天狗舞の流通網を使えるようにしたんです」

ちなみにブレンドの配合は？

「テーマは愛情。残った初桜は入れましたがほとんどが天狗舞です。だから愛情だけでつくったような酒なんです」と低いバリトンボイスで笑う。

なんたる男気。蔵元としても石川を代表する名士である。だが蔵元は言う。

「自分の顔はマスコミに出したくないですね。いかにもやってますというのもアピールしたくない。蔵の顔は私じゃない。あくまでもつくり手と天狗舞のラベルです」

夕方になり再び金沢へ。今夜は車多さんをはじめ車多酒造のみなさんがおすすめする「酒と人情料理 いたる」で飲むことになっている。残念ながら蔵元は体調不良で酒を飲めないため欠席。岡田杜氏と営業主任の船本和彦さんにお付き合いいただくことになった。

「いたるさんは金沢ナンバーワンの居酒屋です。うちとは二十数年前からの付き合いなんです。天狗舞は山廃も速醸も食事と合わせておいしい酒、というのがコンセプトなので是非それをいたるさんで試してください。ここでしか飲めない天狗舞もあるのでお楽しみに」と蔵元は取材時に言っていた。そして実は、東京にいる私の飲み仲間でも「いたる」ファンが多く、前評判は聞いていたから期待大。金沢駅からタクシーで向かったが渋滞に巻き込まれ、20分くらいかかってようやく店に到着した。

わくわくしながら暖簾をくぐると、うわ、すでに客でムンムン熱気がすごい。先に到着していた岡田杜氏と船本さんがカウンターの後ろに立って出迎えてくれた。恐縮しながら席に座る。ド満席ですね、と言うと、「いたるさんは予約がなかなか取れないんですよ」と岡田杜氏。なんたる幸運、と心のなかで手を合わせつつ喉はカラッカラ。一刻も早く天狗舞を飲みたい。

「最初は蔵出しタンクからいきましょう」と船本さんに導かれるまま酒を注文。全国でここしか置いていない天狗舞の生酒を入れた生樽である。ちょうど席の目の前にタンクがあった。すると、店主が「今日は特別にかっこよく注いでもらおうか」と笑う。なんのことやらと生樽を見ると、若い女性スタッフがシェリー酒を注ぐかのように注ぎ口から酒をツーッとグラスに満たした。おお！と歓声を上げる我々。愉快な店主のサービスだ。［写真14-10］

さっそくひと口。うん、おいしい。わずかに口で跳ねる炭酸がフレッシュな印象。軽くてドライな口当たりでこれはぐいぐい飲めるヤバい酒だ。

「悪酔いを防ぐために食べてね。甘エビのパリのつけ。女性に似合う料理なんですが、あとの男性二人は……それ以上はなにも言いません」と店主は笑いながらつまみをテーブルに。パリッと香ばしくエビの旨みがドライな酒に合う。余計に飲めてしまうではないか。今夜は飲みすぎそうな危険な予感がする。［写真14-11］

14-10

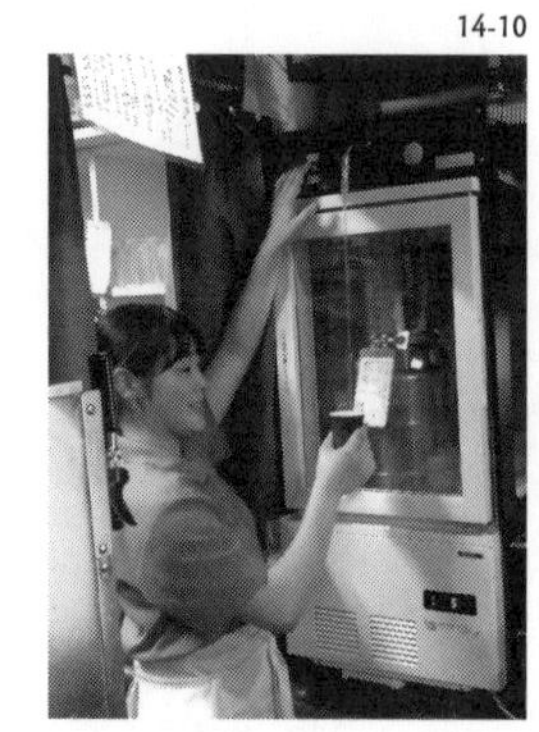

シェリー酒を注ぐかのよう！

14-11

甘エビのパリのつけ

続いて「いたる」名物・日本海お刺身の桶盛りが登場。桶の上には新鮮なブリや生ダコ、甘エビ、能登サバの浅締め、マダイを炙ったもの、カジキマグロなど北陸の海の幸がてんこ盛りだ。それに小さいシャリだまがついているのがまたニクい。刺身をつまみにしているとちょっとだけ米がほしくなる人は私だけではないだろう。日本酒飲みはこういうのに弱いのだ。う〜ん！ どの魚もクラクラするほど抜群にうまい。【写真14－12】

ここで速醸の「五凛」純米大吟醸をいただく。五凛とは8代目が岡田杜氏と約20年前に立ち上げた酒。会長がつくるしっかり熟成させた天狗舞ではなく、当時30代だった8代目と同世代の人たちを意識してつくったセカンドブランドだ。すっきりときれいな口当たりでこれも進みすぎる。刺身がもっとおいしくなった。【写真14－13】

ぐびぐび飲んでいたら次のつまみがやってきた。わ、これは！「ホタルイカのぬたです。金沢野菜の金時草と和えました。下にワラビがあります」と店主。この言葉の響きだけで酒が進む。【写真14－14】

「絶対に燗酒だわ。二合ください！」と船本さんが大声で天狗舞の山廃

14-12

「いたる」名物・日本海お刺身の桶盛り

14-13

ここで速醸の五凛・純米大吟醸をいただく

純米を注文。めちゃくちゃ同感だ。

燗酒を待っている間に、岡田杜氏はふだんどんな晩酌をしているのか聞いてみた。

「いつも天狗舞の燗酒が多いですね。長飲みするなら絶対に燗酒です。いくら高い酒でもずっとは飲めません。酒づくりの時期は会社の寮で寝泊まりしている蔵人と晩酌しますよ。毎晩お酒は飲み放題なんです」と言う。さすが車多酒造は太っ腹。感心していると、「でも制限時間は仕事が終わった17時~18時までの1時間です」と笑う。

船本さんも笑いながら言葉をつなぐ。

「一合じゃ足りない蔵人がけっこういるのでみんな飲むペースが早いのなんの。昔風のビールコップあるでしょ。あれにカンカンに熱くした燗酒をなみなみ注いでパカパカ飲むんですよ。一時間経った頃にはみんなヘロヘロに酔っちゃう。1時間で2升は空きますね」

中三郎さんも現役時代はそうやって飲んだのだろうか。

「唎き酒はしょっちゅうされていましたがそんなに飲まないですね。と言っても夕食で飲む蔵人をどうこういう人ではありませんでした。ただ、

14-14

ホタルイカのぬた、下にはワラビが

時間には厳しかった。酔っ払うとあと少しって長っちりになるでしょう。そんなときも、共同生活はルールが大事だから、一つ屋根の下で一緒に暮らしている限りは、みんなで時間を守らなきゃいけないってよく言っていました」

でもね、と岡田杜氏は話を続ける。

「能登杜氏の四天王にこう言うのもなんですが、私にとって中さんて友達に近い存在です。そう思わせるのが中さんのすごさ。酒づくりも見て覚えろじゃなく、真面目に勉強したい人にはちゃんと教えてくれるんですよ。フレンドリーに。そこも中さんのすごいところです」

熱々の天狗舞の山廃純米が運ばれてきた。やはりしみじみうまい。

「やっぱり天狗舞はこれだよね」とうなずき合う我々。

ここでノドグロ一夜干しが登場。さらに石川名物・フグの子とサバのぬか漬け、加賀レンコンのハス蒸しなどこれでもかと酒のアテが運ばれてきて、私は年甲斐もなく、きゃ～と悲鳴をあげてしまう。［写真14-15／14-16／14-17］

「実はつくりを終えて明日から帰省するのですが朝起きれるかな」と苦

14-15

これでもかと酒のアテが運ばれてくる

14-16

14-17

笑いする岡田杜氏の横で、「まだまだ飲めってことだよな。飲みたい。飲もう。天狗舞の復興酒を二合ください！」と叫ぶ船本さん。

今夜は酒が進みすぎて絶対に肝臓が足りない。天狗舞と「いたる」は恐ろしい組み合わせである。参りました。【写真14－18／14－19】

蔵元と行った酒場

・酒と人情料理　いたる　石川県金沢市柿木畠3－8

創業は１９８８年。予約がなかなか取れない金沢の人気居酒屋だ。日本海の新鮮な海の幸を使った料理がふんだんに味わえる。天狗舞が恐ろしいほど進むのは間違いない。地元の人によると狙い目は２回転目だそうだが頑張って予約をしたい。

蔵元おすすめの立ち寄り処

14-18

「天狗舞の復興酒を二合ください！」

14-19

岡田杜氏と店主

・**白山比咩神社** 石川県白山市三宮町二105-1

古くから霊山信仰の聖地として地元民に仰がれている神社。命の水を供給してくれる神々の座である。全国の白山神社の総本宮。ぜひお参りしたい。

・**圓八** 石川県白山市成町107

1737年創業。完成までに3日間かかるこし餡が絶品の餅菓子。なのに手頃な値段なのがうれしい。筆者も大好物で天狗舞(特に山廃純米の燗酒)のつまみにもおすすめ。

15

どん底を乗り越えたからこそ、生まれた奇跡の酒質

獅子の里 松浦酒造 ◎石川県加賀市

２０２４年５月７日９時20分。東京駅から「かがやき」５０７号敦賀行きの新幹線に乗った。はじめて「獅子の里」に行くためである。風はなくやわらかい雨が降る午前中だった。窓側の席に座り薄暗い空を眺めていると、車窓に自分の顔が映る。そこに獅子の里と出会った22年前の自分を重ねた。もはやかつての顔など思い出せないが、目つきだけは当時の私を呼び戻す。

最初に獅子の里を口にした22年前。22歳だった私は、啓示のように降りてきたこの酒がきっかけで今日がある。いまだに思う。なぜ私はそこまで獅子の里に惹かれたのだろうか。

新幹線に揺られながら改めて22歳の自分と共に考えてみたが、いつものように明確な言葉が浮かばず思考が停止する。かろうじて、ダイヤモンドダストのような衝撃を受けたとか、私だけがわかる感覚的な理由しか見つからない。その答えを探し続けていたら22年も経ってしまったようなものだ。

そうなったのは、今まで蔵元に会ったこともなければ蔵を訪問したことがないことと無関係ではないだろう。自分のなかに啓示のように降りてきた酒なのに、そういう縁が巡ってこなかったのだ。日本酒をずっと飲み続けてきたが酒と出会う機会もほとんどなかった。獅子の里はまぼろしの酒だったのか？　幾度そう首をかしげただろうか。

加賀温泉駅で降車した。改札口を出て人がまばらな広々とした駅構内を抜けてタクシー乗り場へ。止まっていた一台に乗り込み、運転手に「松浦酒造まで」と行き先を告げる。運転席のミラーから運転手はこちらの様子を珍しそうにのぞく。折しも大型連休後。トランクを持ってわざわざ酒蔵まで行く私に興味を持ったのかもしれない。あれこれと質問してくる。とても気さくなおじさんだ。

どうやらこの辺りでは連休中の客入りが芳しくなかったようで、胸にいろんなものが溜まっていたと察した。加賀温泉駅から山々に囲まれた道をまっすぐに走りながらよくしゃべりかけてくる。ほんとうは獅子の里を20年越しに訪ねる感慨に浸りながら乗車していたかったのだが、しみじみする暇もなく約20分で山中温泉の中心街にある松浦酒造に到着。胸のつかえが取れたのか、運転手のおじさんは「がんばってね」と満面の笑みで送り出してくれた。

松浦酒造と言ってもまず向かったのは蔵の直営店。蔵元に指定された待ち合わせ場所である。少し離れたところから外観をじっくり見た。経年した建物だが古くさくはない。こざっぱりと清潔な雰囲気である。［写真15－1］

開け放たれていた扉からそっとなかに入る。スタッフに声をかけると直営店に配置されたテーブル席に案内された。椅子に座り背筋を伸ばして待つ。ふしぎと緊張はしていない。むしろ長く会っていない友人と対面するかのような、はやる気持ちがこみ上げてきた。しばらくすると右斜めうしろから人の気配がする。

15-1

まずは蔵の直営店へ

「どうも山内さん！」とハッキリした口調で言いながら蔵元が登場。松浦酒造14代目で杜氏の松浦文昭さんだ。

挨拶を交わしまじまじと蔵元の顔を見つめてしまったが、曇りのないまっすぐな目にしょっぱなから心を打たれて動揺してしまう。都会で濁った自分の目が洗われていくようだ。それから動揺を気づかれないようにしれっと会話をはじめたが、積もりに積もった話がありすぎて雑談が止まらない。このままだと日が暮れてしまいそうなので、重い腰を上げ直営店を出た。

直営店を出て右手方向に、松尾芭蕉ら文化人も贔屓にした開湯1300年の名湯「菊の湯」があった。この温泉地は菊の湯を中心に発展したという。獅子の里の由来もここにある。【写真15－2】

「旅館に風呂がなかった時代の話です。外から来た浴客の世話をした湯女という女性たちが、お客さんを待つ間に浴衣を頭からかぶっていたそ

15-2

松尾芭蕉も贔屓にした名湯「菊の湯」

うなんです。なぜかはよくわからないんですが、その姿が獅子舞に似ていたことから、こころへんを獅子の里と呼ぶようになりました。うちの酒はそこからもらった銘柄です」

また隣には女優・森光子が名誉座長を務める古風な山中座があり、蔵の直営店も含めてなんとも風情がある街並みだ。肝心の酒をつくる醸造場はもう少し離れたところにある。

「私の曾祖父の頃までは直営店と蔵は一緒でしたが、山中温泉は昭和6年（1931）の5月に大火で一帯が焼けてしまい、松浦酒造も全焼してしまいました。酒づくりは終わっていた時期ですが、貯蔵していた酒も燃えてしまいまして、青い炎が竜巻のように舞っていたそうです。その経験から蔵と店を別に建てたのです」

てくてく細い道を歩いて行くと松浦さんが立ち止まる。

「非常にほんとにお見せしたくないのですがここが蔵です」と控えめに笑う。瓦屋根が覆いかぶさった古めかしい建物である。大火後の昭和7年（1932）に建てた蔵をそのまま使っているそうだ。【写真15-3】

重そうな扉を開けて蔵内へ。すでに酒づくりは数カ月前に終えて閑散としていたが埃っぽくない。空気が澄んでいる。

蔵元は入ってすぐに壁に掲げられた一枚の写真を指差す。日本酒をこよなく愛した故・名智健二氏が撮影した蔵人写真だ。名智氏は酒蔵の名写真を撮る写真家として、蔵元や日本酒愛好家の間では有名な写真家。私は生前一度だけ宴席で隣になったことがあるが、豪快な酔っ払いだったことを思い出す。

「30年前の写真です。蔵に帰ったばかりの若い私もいますよ」と笑う。［写真15-4］

松浦さんは、千葉の酒販店「シマヤ酒店」や酒蔵「東薫」などで修業し、蔵に帰って来たのは1994年。この写真はその頃を撮影したのだ。

「まだ南部杜氏さんがいましたね。八重樫（正志）杜氏って言うんですけど、岩手の石鳥谷出身の方でした」

えっ、と私は固まる。南部杜氏は我が地元岩手の流派である。しかも杜氏が岩手出身だったとは。松浦酒造は石川の蔵だが、同県が生んだ能登杜氏がつくっているのではなかったのか。

「いえうちは南部杜氏ですよ。その前は新潟の越後杜氏さんでしたが」

と言った。

だからなのだろう。獅子の里は石川の日本酒に多いコクのあるタイプと比べると軽やかな酒質である。南部杜氏を名乗る人がつくるものはすっきりときれいな酒が多いのだ。なるほど、と納得していると松浦さ

15-3

「ほんとにお見せしたくないのですが……」

15-4

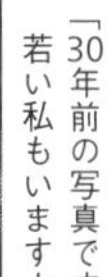

「30年前の写真です。若い私もいますよ」

んがなんの気なしに続ける。

「そういえば麹屋さんは盛岡出身の人でした。すごく歌がうまい人なんですわ。演歌なんて抜群にうまい。のど自慢も出たらしいですよ」

ええっ、と今度は鳥肌が立った。盛岡は私の地元中の地元。母方の祖父母家の屋号は麹屋である。そんな人がつくっていたのか。私の話を聞いた松浦さんもおどろいていたが、続けて「八重樫杜氏には酒づくりに向かう姿勢や作業など全てを教えてもらいました。ほんとはその杜氏さんを引き立てて二人三脚で酒をつくるつもりだったんです……」と言う。

一瞬、顔が曇る蔵元の次の言葉を待っていると、「喉が乾きませんか?」と唐突に言い次の場所へ促した。

獅子の里と書かれた唎き猪口を手にした蔵元は蛇口をひねり、勢いよく出てくる水をなみなみ汲んだ。これは酒に使う仕込み水である。口に含むとほのかに甘い。ものすごくまろみがある水だ。【写真15－5】
「地元では甘露水と呼ばれている超軟水です。蔵の裏山に温泉の守護神がいる医王寺があるのですが、そこに自然と湧き出てくる水なんです。そのままでも飲める水ではあるのですが、仕込み水に使うときは念のため3回濾過をします」

濾過を3回するとはかなりの念の入れようだ。たくさん濾過をした水はなにもかも削ぎ落とされたイメージがあるが、この水はちゃんとおいしい味がするのがいい。獅子の里のやわらかで透明な酒質のイメージともつながる。ついもう一杯おかわりをしていると、松浦さんが思い出したように言う。

「山内さんがうちの酒で最初に飲んだ大吟醸の仕込み水は、この水ではないんですよ」

へ!? 私はまた固まってしまった。

「裏山からもっと山奥にある生水村(しょうずむら)というところからわざわざ汲んだ水を使っていました。そこはうちの水と違って硬水なので、発酵したときに香りが出やすく吟醸酒に向いているんですわ。私もよくポリタンクで汲みに行きましたね。サンショウウオの赤ちゃんなんかいて、これをそのまま丸飲みすると元気になるから飲めとか言われたりしてね。特別な

15-5

これは酒に使う仕込み水である

水でした」

とたんに22年前に飲んだ酒がじわっとよみがえる。どこまでもきれいな味で体へ浸透するスピードが早い酒だった。それはおいしい水を飲んだときのような感覚だったと今さら気がついた。

「吟醸酒と言っても香味が抑えられていて確かにおいしかったんですよね。水のいい特徴は出ていたと思います。なんと言うか液体に生命力がありました」

現在の松浦酒造は全て純米酒づくりである。大吟醸はもうない。純米蔵だからつくらなくなったのだろう。ところが、「水が汲めないんですよ。18年前に九谷ダムという大きいダムができてそこが埋められてしまいました。いい水だったので残念です」

私をここまで導いた酒は、すでに二度とつくることができないまぼろしになっていた。

それから蔵内をいろいろと見て回ったが、松浦酒造の酒づくりは昔ながらのスタイルを貫いていることがわかった。製造量は数百石。洗米から瓶詰めに出荷まで蔵人や社員全員で行うと教えてくれた。

「なるべく全量を目の届く範囲で自信を持ってつくりたい。例えば米の浸漬も全量限定吸水（時間を計って米に水を吸わせる手作業）ですし、蒸米の放冷も手でやります。そうやってると量は多くつくれないですね。量を増やすよりも納得がいく酒質をつくるほうが私にとっては大事なので」と言う。

機械も最新型ではなく、昔から蔵にある道具をメンテナンスしながら使い続けていた。

「昔の機械ってなかなか壊れないんですよ。構造もシンプルで故障しても直しやすい。お酒は生き物なので機械が壊れても待ってくれません。すぐ直せるかどうかはものすごく重要です」

とはいえ日本酒づくりで使う機械も日々進化し、松浦酒造のような小仕込みの蔵に適した新商品も続々と出ている。新しい機械が気になることはないのだろうか。

「最新の機械を取り入れている蔵が多いんでしょうが、私は蔵見学もほぼしませんのでうちは鎖国の蔵というか自分は原始人並みのつくり手です（笑）。試してうまくいかないことを想像すると不安ですし、構造を理解した機械じゃないとやっぱりね。あるものを工夫してつくるほうが好きです」

その工夫は独自のつくりかたを生んでいた。例えば酒を搾る上槽。上槽はヤブタ式の自動圧搾機を使うが、濾過の工程を効率化するためにポンプとホースを使ってもろみタンクとつなぎ、何度かぐるぐると循環させることで自然に濾過されるという。今まで多くの蔵を見てきたがこの方法ははじめて知った。

「人がいなくても濾過作業ができて翌日には瓶詰めできるんですよ。私はこれを働き方改革と呼んでいます」【写真15－6】

心待ちにしていた唎き酒の時間がやってきた。まずは松浦さんが25年以上前にどの蔵よりも先がけてつくったという泡酒「鮮ｓｅｎ」をいただく。シュワシュワの泡感が強すぎずやさしい飲み心地。うすにごりだがきれいな味だ。時間が経つとほのかに酸味が出てくる。一杯目にもいいが、やさしい味なのでつまみとともにずっと飲めそうだ。【写真15－7】
次は純米大吟醸の愛山を酵母違いで2種類。「Ｍ３１０は紳士的なジェントルマンで洋食が合います。一方、金沢酵母は着物が似合う。これは和食ですね」と教えてくれる。前者は華やかで後者はしっとり落ち着いた印象。どちらも透明感がありこちらもきれいな酒質。このスッと体に

15-6

蔵にも働き方改革が

15-7
心待ちにしていた唎き酒の時間がやってきた

染みる透徹したきれいさが好きでたまらないと思う。【写真15－8】

それにしても、22年間で自分が飲んだ獅子の里はなんと限られていたことか。こんなにラインナップがあったなんて知らなかったのだ。東京にはあまり売らないのだろうか。そう聞くと、「まだ東京は進出しないようにしているんです」と言い、夢にも思わない話を切り出した。

「カビ臭が原因です。実は先ほど見せた名智さんが撮ってくれた写真がメディアに載ったあと、市場に出た酒にその香りが出てしまいました。ちょうど雑誌に出て一気に注目を集めたときに鑑定官室（酒づくりを研究する国税局の機関）の先生たちなどから連絡がきて知ったんです」

寝耳に水である。酒づくりでは清掃を徹底し、雑菌などの汚染には細心の注意を払っていたはずだったという。

「私が蔵に戻って杜氏さんと最初につくった酒です。そこからが地獄のはじまりでした」

原因不明のまま蔵内の洗浄殺菌を強化し、吟醸蔵のリフォームや仕込み水の殺菌装置を導入。しかし翌年はもっとカビ臭が強くなる。そこで鑑定官室の先生から指導を受け、検証の結果は麹由来が原因なのではな

15-8

純米大吟醸の愛山を酵母違いで2種類

いかと指摘された。麹室の断熱材を全て交換したり、麹室で使う布類のクリーニングを業者に依頼したり、出麹（完成した麹を外に出す作業）の枯らし場を新設するなどを対策。ところが、翌年も改善されず乾燥麹を用いたりするが事態は収束の兆しを見せず、鑑定官室の先生方もお手上げだったという。

「杜氏さんは悩みすぎて実力を発揮することができなくなり、酒はなんとか売っていましたが経営が悪化したため２００２年に自分が杜氏として酒づくりを引き継ぎました。それからもあらゆる改善策を試みましたが解決せず、もうこうなったらこの香りとうまく付き合うしかないと腹を括ったんです」

そんなときに一筋の光明がさす。

「広島の醸造研究所でお世話になった岩田博先生という方が、今までより精密な成分分析ができる機械を導入するので、一緒にがんばって解決しないかと来てくれました。先生も若い頃にカビ臭を解決できなくて非常に悔しい思いをしたそうで。その機械は、ｐｐｂ（10億分の１）からｐｐｔ（１兆分の１）という単位まで測定が可能になった機械です」

そして、しばらくしてついに原因を突き止めることができた。

「原因は信じられないことに酒蔵で除菌する際に使う次亜塩素酸ソーダです。この塩素は、私が蔵内を清潔な無菌環境にしたくて使っていた薬品でした。これを使って麹室の引き込み台を拭いていたのですが、引き込み台の木材が塩素と合わさってカビ臭が発生していたのです。古い蔵なので無菌にしたいがために真面目に拭き掃除をしていたことが、全く逆効果でした」

次亜塩素酸ソーダは漂白効果もあり、食品業界だけではなく家庭でも使われる一般的な殺菌剤である。だが、日本酒の麹づくりでは避けなければならない薬品だった。

「後でわかったのですが、酒造講本（酒づくりの教科書）には麹室の殺菌法が書かれていますが、次亜塩素酸ソーダの薬剤名は載っていませんでした。痛い目にあってはじめて気がついたのです」

と言ってもこの塩素を使っていたのは松浦酒造だけではない。

「使っている蔵は多かったと思います。私が蔵に戻る1994年より前は、嫌な雑味や香りを消す活性炭で濾過した酒が主流だったので、カビ臭が出てもそんなにわからなかった。でも無濾過が台頭してきたことで私も真似したところ、炭濾過で除去されていたこの香りが見事に出てしまったわけです」

蔵元の胸の内を想像すると絶句するしかない。

「東京市場からは撤退するしかありませんでした。でも一社だけ取り引きをやめずに見守ってくれた酒販店さんがいまして。ご恩は一生忘れません」

なんという巡り合わせなのだろう。前著の『夜ふけの酒評』に書いたが、その酒販店こそ私が東京で獅子の里とひさびさに再会した「伊勢五本店」だった。

カビ臭を解決するまでかかった年月は約10年。途方もない時間だがこの試練がきっかけで生まれた酒があった。先ほど唎き酒したスパークリング「鮮ｓｅｎ」である。

「よくない香りを濾過で除去し酒の新鮮な香味をもう一度、瓶内で蘇らせることができるのが、スパークリングという製法です。苦肉の策で形にしましたがこの酒にずいぶん（売り上げを）助けられました。今では獅子の里を代表する酒ですが、カビ臭がなければつくらなかった商品なんです」

問題を解決してからもう18年。これまでも書いた通り今の酒質はすばらしい。でも蔵元の労苦の傷は癒えていないように感じた。

蔵を出ると夕暮れが山中温泉の街を包んでいた。我々はいったん解散し、私は旅館で少し休憩したあと今夜飲む居酒屋へ向かう。温かい明かりが灯る温泉街は、これから酒を飲む気分を一層盛り上げてくれる。テンション高めに早足で歩き、松浦酒造の直営店から近

い「魚心（ぎょしん）」に着いた。松浦さんの小中高校の後輩が大将である。

張り切って扉を開けると、すでに松浦さんと生真面目そうな男性がテーブルに座っていた。

「今夜はうちで働く社員の山本を連れて来ました」と言う。山本さんは笑顔で頭を下げる。彼はもともと介護と酒蔵の仕事を掛け持ちしていたが、いったん退職後、縁あって今度は松浦酒造の仕事だけに専念しているそうだ。

酒は好きですか?と聞くと「獅子の里が好きです」と即答で笑う。それは楽しみだ。乾杯しよう。最初はビールを片手に焼き鳥の盛り合わせをつまんでいると、刺身がテーブルに置かれた。ブリやイカなどが盛り盛りである。[写真15-9]

即刻に獅子の里を注文したい。なにを飲もうか考えていると、「いっぺんに持って来てもらいましょう。好きなの選んでください。全部飲んでもいいですよ」と笑う松浦さん。うわ、三方向から酒が注がれてしまう。[写真15-10]迷った末に「旬」の純米吟醸をぐびり。[写真15-11]ほどよい酸が効いた軽快な味だ。ブリの脂と溶け合い口がにんまりする。

15-9

刺身がやってきた

15-10

うわ、三方向から酒が注がれる

「うちの酒は脂の乗ったブリにも負けない立体感のある酒なんですよ。よかったら次にイカを食べてもらっていいですか」と蔵元。その通りにすると、あれ、酒がシュッと引き締まった。

「旬はニュートラルでバランスのいい味です。つまりどんなつまみにも転べる酒なんです」

　旬をぐいっと飲み干して矢継ぎ早に飲んだ「超辛」は、ふくよかで焼き鳥にぴったり。しいたけの串焼きにもいい。大将が合間に出してくれた、のどぐろの塩焼きには相性がよすぎて水みたいに酒が飲める。どのつまみと合わせてもハズレがないとは、酒飲みに寄り添う最強の万能酒だ。［写真15－12］

「料理と合わせて相乗効果がある酒を目指しています。さっき言った立体感のある味ですね。野球に例えると酒だけ飲むとボール玉でも、料理と合わせると口のなかがストライクになるような酒です」

　想像力をかきたてる蔵元の言葉に納得し、あとはただおいしいおいしいと飲むばかりである。

「せっかく山内さんが感動した酒を私が一度、壊してしまいました。ほ

15-11

まず「旬」の純米吟醸をぐびり

15-12

のどぐろの塩焼きと相性抜群だ

んとうに申し訳ない。でも多くの方々のおかげで、絶望してもめげずに酒をつくってきました」と松浦さんは澄んだ目で言う。

私はもう一度、おいしい、と確かに伝えた。

蔵元と行った酒場

・魚心　石川県加賀市山中温泉薬師町ウ‐21

地元の魚介類を使ったつまみや焼き鳥などがうまい居酒屋。大将の気さくな人柄も魅力。獅子の里とともにをじっくり味わいたい。

蔵元おすすめの立ち寄り処

和酒BAR　縁がわ　石川県加賀市山中温泉南町ロ‐82

獅子の里など石川の日本酒が楽しめる。山中温泉の名産である漆器で酒が味わえるのが素敵。繊細な出汁の「本日のお椀」を肴にするのがおすすめ。が、飲みすぎるので筆者は泥酔寸前になった。

・**鶴仙渓**（かくせんけい）**川床**　石川県加賀市山中温泉河鹿町8

山中温泉の名所の一つ。清らかな川が流れるうつくしい自然のなかで甘味などが味わえる。なお4月初め〜11月終わりの期間限定。

おわりに

酒は産地で飲むのがいちばんうまい。言い古された言葉だが時代がどんなに進んでもそれはいまだに揺るがないのだと、各地の旅から帰るたびにつくづく思っていた。単純に鮮度がいいということもあるが、地元から離れた東京で飲むよりも酒がどこかいきいきしているのだ。

当然だろう。酒は生き物だ。野球チームが本拠地でいつも以上に実力を発揮しやすいように、酒だって地元にいたほうが個性を生かすことができるのではないか。産地には酒が馴染んだ空気や水などの環境があり、その同じ環境から生まれた食べ物がある。なにより手塩にかけて育ててくれた酒蔵の人たちがいる。これほどのびのび個性を生かせるホームはどこにもない。

岩手から上京してきたばかりの自分を重ねると、より酒の気持ちがわかる気がした。全てのものが産地からかけ離れた東京にいては萎縮してしまい、やわらかい味が硬くなってしまったり華やかさがしぼんでしまったり、本来の長所が閉じてしまうこともあるのではないか。言葉を持たない日本酒に聞いたところでほんとうのところはわからないが、数々の酒の産地でそう感じた体の記憶に嘘はない。

蔵元も同じである。東京で会ったことがある人は地元のほうがずっと気さくで穏やかな表情をしていた。都会では訛りを隠しているが地元では方言全開の人もいたし、無口な印象だった人が実は快活でよくしゃべることがわかったりもした。だからこそふだんは話さない本音や想いを打ち明けてくれたのだろう。本書を読んでもらえればわかるが、今回は図らずも蔵元の素顔を知ることができた旅でもあった。

それにしても日本酒をめぐる旅は、帰ってきたあとに別の楽しみをくれることを再確認した。東京の酒場で訪ねた酒蔵の酒と再会したとき、訪ねる前よりずっと酒が身近に感じられるのだ。好きな友人と思いがけず会えたときのうれしい感覚に似ている。地元で酒の素顔を知ったからだろう。こちらも胸襟を開き、酒と旅の思い出を語り合いたいと思えるのはなかなか楽しい。

そして酔うごとに、地元で味わい見聞きしたことが次々に浮かんでくる。蔵元のさまざまな表情や、手をうしろに組む癖があるとかちょっとした仕草なんかもふいに思い出し、ホンワカと心が温かくなる。これらが幾重にもなり酒がさらにうまくなるのは言うまでもない。自分の人生に日本酒があることを幸せに思う。

本書を執筆するにあたり、蔵元をはじめとする多くの方々にお世話になった。ふり返るとずいぶんな無茶ぶりもあり、思い立ったら止まらない私の行動は恥じ入るばかりだが、快くそれを受け入れてくれたみなさんには感謝しかない。この場を借りて深くお礼を申し上げます。

2024年6月　山内聖子

本書で紹介した酒蔵

（掲載順、蔵見学は不可）

赤武酒造 株式会社

岩手県盛岡市北飯岡1-8-60

◎

菊の司酒造 株式会社

岩手県岩手郡雫石町長山狼沢11-1

◎

合資会社 稲川酒造店

福島県耶麻郡猪苗代町字新町4916

◎

松崎酒造 株式会社

福島県岩瀬郡天栄村大字下松本字要谷47-1

◎

宮泉銘釀 株式会社

福島県会津若松市東栄町8-7

◎

島岡酒造 株式会社

群馬県太田市由良町375-2

◎

野崎酒造 株式会社

東京都あきる野市戸倉63

株式会社 土井酒造場
静岡県掛川市小貫633

◎

高嶋酒造 株式会社
静岡県沼津市原354-1

◎

剣菱酒造 株式会社
神戸市東灘区御影本町3-12-5

◎

三輪酒造 株式会社
広島県神石郡神石高原町油木乙1930

◎

金光酒造 合資会社
広島県東広島市黒瀬町乃美尾1364-2

◎

相原酒造 株式会社
広島県呉市仁方本町1-25-15

◎

株式会社 車多酒造
石川県白山市坊丸町60-1

◎

松浦酒造 有限会社
石川県加賀市山中温泉冨士見町オ50

著者おすすめの酒販店リスト

（順不同）

味ノマチダヤ

東京都中野区上高田1-49-12

◎

伊勢五本店中目黒店

（ほかに千駄木店）

東京都目黒区青葉台1-20-2

◎

酒舗まさるや 鶴川店

（ほかにたまプラーザ店）

東京都町田市鶴川6-7-2-102

◎

かき沼酒店

東京都足立区江北5-12-12

◎

はせがわ酒店 東京駅GranSta店

（ほかに麻布十番店、日本橋店など）

東京都千代田区丸の内1-9-1 JR東日本東京駅構内B1F

いまでやIMADEYA 千葉本店

（ほかに銀座店、錦糸町店など）

千葉県千葉市中央区仁戸名町714-4

◎

横浜君嶋屋

（ほかに銀座店、恵比寿店など）

神奈川県横浜市南区南吉田町3-30

◎

さかや栗原 町田店

（ほかに麻布店）

東京都町田市南成瀬1-4-6

◎

三ツ矢酒店

東京都杉並区西荻南2-28-15

◎

利田屋酒店（かがた屋酒店）

東京都品川区小山5-19-15

◎

酒の勝鬨

東京都中央区築地7-10-11

大塚屋（大塚酒店）

東京都練馬区関町北2–16–11

◎

酒のなかがわ

東京都武蔵野市境2–10–2

◎

籠屋 秋元商店

（ほかに下高井戸店）

東京都狛江市駒井町3–34–3

◎

酒のサンワ 本店

（ほかに合羽橋店）

東京都台東区北上野1–1–1

◎

おいしい地酒とワインの店 ワダヤ

東京都品川区南品川5–14–14

◎

地酒屋こだま

東京都豊島区南大塚2–32–8

かねゑ越前屋

東京都江東区三好1−8−3

◎

銘酒泉屋

福島県郡山市開成2−16−2

◎

渡辺宗太商店 會津酒楽館

福島県会津若松市白虎町350

◎

植木屋商店

福島県会津若松市馬場町1−35

◎

高橋酒店

岩手県一関市千厩町千厩字北方30−1

◎

地酒屋坂本

岩手県盛岡市盛岡駅前通10−4

◎

銘酒 和屋

宮城県大崎市古川北町5−8−3−1

地酒のカクイ

北海道苫前郡羽幌町南3-2-1

◎

ヤマショウ酒店

北海道札幌市中央区南3条西3　三信ビル1F

◎

さいとう酒店

北海道千歳市本町1-13

◎

桜本商店　本店

（ほかに円山店）

北海道札幌市中央区南10条西7-4-3

◎

込山仲次郎商店

神奈川県横浜市戸塚区矢部町39-1

◎

坂戸屋

神奈川県川崎市高津区下作延2-9-9MSBビル1F

地酒や たけくま酒店

（ほかに元住吉店）

神奈川県川崎市幸区紺屋町92

◎

矢島酒店

千葉県船橋市藤原7-1-1

◎

久保山酒店

静岡県静岡市清水区庵原町169-1

◎

酒のいわせ

静岡県御殿場市川島田445-1

◎

丸茂芹澤店

静岡県沼津市吉田町24-15

◎

酒舗よこぜき

静岡県富士宮市朝日町1-19

◎

日本酒専門店ましだや

栃木県下都賀郡壬生町壬生乙2472-8

山中酒の店

（ほかに大阪駅エキマルシェ内）

大阪府大阪市浪速区敷津西1−10−19

◎

住吉酒販 博多本店

（ほかに六本松421店、博多駅店など）

福岡県福岡市博多区住吉3−8−27

◎

大和屋酒舗 胡町本店

（ほかにNaka-machi店など）

広島県広島市中区胡町4−3

◎

地酒處 山田酒店

佐賀県佐賀市赤松町7−21

◎

いのもと酒店

熊本県熊本市東区帯山4−56−15

◎

地酒処 たちばな酒店

熊本県熊本市南区田井島3−9−7

コセド酒店本店

（ほかに天文館店など）

鹿児島県鹿児島市南栄6-916-72

◎

田村本店

福岡県北九州市門司区大里本町2-2-11

◎

朝日屋酒店

東京都世田谷区赤堤1-14-13

◎

地酒処 三益酒店

東京都北区桐ケ丘1-9-1-7

◎

島酒店

京都府京都市中京区西ノ京円町24-4

◎

能田屋酒店

石川県金沢市長町1-8-11

好評発売中

いつも日本酒のことばかり。

山内聖子

こんなに、シンプルなのに、こんなに奥深いお酒はない。
あなたも、読んだらきっと呑みたくなる！

「ある日突然、日本酒に魅せられて、明けても暮れても、日本酒のことばかり」。そんな著者が、日本酒の効能、効能、製造工程、歴史、現在、そして未来など、様々な角度からその魅力に迫り、あらためて「日本酒って、いったい？」と向き合った、日本酒“偏愛”たっぷりのエッセイ集。

定価：（本体 1,500 円＋税）

好評発売中

夜ふけの酒評 愛と独断の日本酒厳選 50

山内聖子

魂をふるわす日本酒を 50 本忖度なしでレビュー！
業界初（？）の書評ならぬ、「酒評」本。

「日本酒を飲んでばかりの人生です。無数の日本酒が私の体内に染み込み、全身を駆けぬけていった実感があります」。本書は、日本酒とともに生きてきた著者が、改めてふだんの暮らしのなかで心にとめた銘柄 50 本ついて書く、書評ならぬ“酒評”。各銘柄の特徴を独自の基準でパラメータ化、好きな銘柄がみつかる一冊。

定価：（本体 1,600 円＋税）

日本酒吞んで旅ゆけば

二〇二四年七月三一日　第一刷発行

著者　山内聖子
イラストレーション　石橋明季
ブックデザイン　アルビレオ

発行人　永田和泉
発行所　株式会社イースト・プレス
〒一〇一－〇〇五一
東京都千代田区神田神保町2－4－7久月神田ビル
電話　〇三－五二一三－四七〇〇
ファックス　〇三－五二一三－四七〇一
https://www.eastpress.co.jp/
印刷所　中央精版印刷株式会社

ISBN 978-4-7816-2336-8